航天任务的系统概念设计、评价及案例

许 胜 编著

中国宇航出版社

·北京·

图书在版编目（CIP）数据

航天任务的系统概念设计、评价及案例 / 许胜编著
. -- 北京 ：中国宇航出版社，2022.4
　　ISBN 978 - 7 - 5159 - 2044 - 3

　　Ⅰ.①航… Ⅱ.①许… Ⅲ.①航天系统工程 Ⅳ.
①V57

　　中国版本图书馆 CIP 数据核字(2022)第 041756 号

责任编辑　张丹丹　　　　**封面设计**　宇星文化

出　版 **发　行**	中国宇航出版社		
社　址	北京市阜成路 8 号　**邮　编**　100830	**版　次**	2022 年 4 月第 1 版
	(010)68768548		2022 年 4 月第 1 次印刷
网　址	www.caphbook.com	**规　格**	787×1092
经　销	新华书店	**开　本**	1/16
发行部	(010)68767386　　(010)68371900	**印　张**	12.5　**彩　插**　8 面
	(010)68767382　　(010)88100613（传真）	**字　数**	304 千字
零售店	读者服务部　　　(010)68371105	**书　号**	ISBN 978 - 7 - 5159 - 2044 - 3
承　印	天津画中画印刷有限公司	**定　价**	58.00 元

本书如有印装质量问题，可与发行部联系调换

前　言

　　我国要建设成为航天强国，会面临一系列的挑战，其中之一是型号的创新。型号创新的首要问题就是系统概念的创新。如何开发和评价、筛选新的系统概念就是一项挑战。历史上系统概念设计的两个典型例子是，我国的载人航天任务：飞船和航天飞机方案的选择；美国的阿波罗首次登月任务：轨道和运载火箭的选择。型号开发的最初阶段要开展的系统概念设计对整个型号的研发成本、工期乃至成败都起着关键性的作用。系统概念创新需要一套有效的系统概念的设计方法和评价、筛选方法予以保证。本书的写作意图就是为航天型号提供一套比较全面的、实用的系统概念设计方法和评价、筛选方法。

　　本书包括三部分内容。第 1 部分为第 1 章～第 4 章，主要介绍与本书内容相关的基本概念和方法；第 2 部分为第 5 章～第 12 章，分别介绍 5 种通用的用于航天型号系统概念评价的方法（AHP 方法、QFD 方法、K－T 方法、Pugh 方法、TOPSIS 方法），3 种专门为航天型号研发的设计和评价方法（RMA 方法、ROSETTA 方法、MATE 方法），每种方法都包括方法介绍、10 个左右的航天应用案例和一种航天应用案例研究；第 3 部分为第 13 章～第 15 章，是对前述 8 种方法的综合评价和比较。虽然第 2 部分的 8 种方法自成体系，可以单独阅读，但是建议读者首先浏览第 1 部分的内容，透彻理解基本概念，对这些方法的基本情况有一个初步了解。第 3 部分的内容可能会为读者选择这些方法提供一定的帮助。

　　本书作者在编著本书过程中努力体现以下几个特点：

　　第一，内容的针对性，即本书聚焦于航天的任务概念。

　　第二，方法的全面性，本书既包括传统的 5 种通用方法，也包括比较先进的 3 种航天专用的方法，还介绍了将多种方法综合使用的两个案例。

　　第三，内容的实用性，每一种方法不仅介绍了若干个在航天领域的应用案例，而且配备了航天应用案例研究。

　　本书的读者对象主要是航天型号的型号总体、分系统总体的设计人员和其他方案选择人员，其次是其他领域大型复杂系统的系统概念设计人员和方案选择人员。本书的系统概念评价方法也可用于对技术的评价，所以本书对科技规划部门的管理人员也有参考价值。

　　作者衷心感谢中国航天系统科学与工程研究院的领导对编写本书的关心与支持，以及本书的责任编辑张丹丹与她的同事们的辛勤劳动。

作者　许胜

目　录

第 1 章　航天任务的系统概念导论

1.1　系统概念

本书重点讨论的是航天任务的系统概念设计与评价。但是从文献中不容易找到什么是系统概念的说明，而且系统概念容易与系统体系结构混淆。所以本书首先从航天任务的系统概念研究范畴来讨论，究竟什么是系统概念。

从 NASA 对系统概念在航天项目生命周期中的定位就可以了解到系统概念的作用和它包含的内容。在 NASA 的系统工程手册中，NASA 将航天系统生命周期分成 7 个阶段，本书要讨论的系统概念与其中的前两个阶段密切相关。这两个阶段就是 A 前阶段（即概念研究阶段）和 A 阶段（即概念与技术开发阶段），如图 1-1 中的椭圆所示。

阶段代号	A前阶段	A阶段	B阶段	C阶段
阶段名称	概念研究	概念与技术开发	初步设计与技术完成	最终设计与制造

图 1-1　NASA 对航天系统生命周期的划分（这里只给出了前 4 个阶段）

NASA 在这个手册中给出了 A 前阶段（即概念研究阶段）和 A 阶段（即概念与技术开发阶段）的目的和输出。

1）**概念研究阶段的目的**：为任务提供广泛的想法和备选方案，从中选择新的计划/项目。确定所需系统的可行性，发展任务概念，起草系统级需求，评估性能、成本和进度的可行性；确定潜在的技术需求和范围。

2）**概念研究阶段的输出**：可行的系统概念。

3）**概念与技术开发阶段的目的**：确定建议的新系统的可行性，并建立与 NASA 战略计划的初步基线兼容性。制定最终任务概念、系统级需求、所需的系统技术开发和计划/项目技术管理计划。

4）**概念与技术开发阶段的输出**：系统概念定义或权衡研究定义。

从 NASA 对概念研究与概念开发的描述来看，概念研究的主要任务是在提出广泛的想法和备选方案的基础上选择新的任务概念，在评估新概念的性能、成本和进度的可行性基础上确定新系统的可行性。所以它的目标一方面是为新的航天任务提出一些可行的系统概念，另一方面还要在提出广泛的想法和备选方案中筛选出最终的任务概念。这里的关键词有两个：一个是可行性，另一个是筛选。航天任务的概念研究一般是通过概念研究提出一些可行的概念方案，或者是根据符合用户要求的程度对可行的概念方案评价后，得到优选方案或者优选性排序。

　　系统概念是在系统研发的最初阶段提出的系统的顶层设计,它由决定系统的性能、成本和工期可行性的关键性系统设计参数组成。它是在广泛的想法和众多备选方案中通过评价而筛选出来的一种概念设计方案或者是给出优先性排序的多种概念设计方案。

　　我们可以将系统概念理解成系统最顶层的和最初始的设计,它的设计范围只包括那些显著影响系统可行性的、关键的系统属性。它允许设计逼真度比较低,考虑的系统属性的广度和深度尽量约束在一个小的范围内,以减少不必要的工作量,只要可以达到说明系统的可行性并对多个概念进行比较和排序的目的就可以了。系统概念所包含的内容似乎没有一个明确的规定和要求。它包括的范围(即宽度)可大可小,包括的层次(即深度)可深可浅。概念内容的确定取决于分析的对象、任务的重要性、对分析保真度的要求、分析者掌握的数据、分析所采取的方法等。

1.2　系统概念举例

　　下面以地球电离层观测卫星 X-TOS 为例来说明系统概念的具体含义。

　　在美国麻省理工学院(MIT)的概念权衡方法 MATE 中,系统概念采用设计变量或者设计向量来表示。显然一颗卫星的系统设计远远要超过下面描述的这 10 个设计变量。在该项目的形成初期,这 10 个变量是决定这项任务可行性的关键参数,它们对系统的性能、成本和工期起着关键的作用。下面是 X-TOS 任务概念所包含的设计变量,每个变量后面是该变量的取值范围。

　　(1)任务设计
- 卫星数目:1,2;
- 发射顺序:连续发射,同时发射。

　　(2)轨道参数
- 远地点高度/km:200~2 000;
- 近地点高度/km:150~350;
- 轨道倾角/(°):0,30,60,90。

　　(3)航天器物理参数
- 天线增益:低、高;
- 通信架构:TDRSS、AFSCN;
- 推进器类型:电动、化学;
- 电源类型:太阳帆板、燃料电池;
- 速度增量 ΔV/(m/s):200~1 000。

　　卫星平台的其他参数以及用来对电离层进行测量的有效载荷都不在概念设计的范围内,因为它们并不是影响任务可行性的关键参数。

1.3   系统概念与体系结构的关系

在国外众多的与系统概念分析有关的文献中，常常交叉地出现系统概念与系统体系结构，严格地说这两个概念是不同的。在 NASA 的正式文件中，系统体系结构的介绍是：体系结构描述的内容包括任务要素、任务要素之间的接口、任务要素的逻辑和物理布局，以及为了确定预期性能所进行的设计分析。由此可见，系统体系结构要比系统概念在对系统描述的广度、深度和详细程度方面明显地进了一步。针对系统概念的研究，本书关注的是那些明显影响系统性能、成本、工期和风险的关键的系统组成部分。

美国麻省理工学院从事系统概念研究的 ROSE 教授团队的文章印证了体系结构可用于系统概念设计这一说法。在 2003 年他们发表的题为《多属性权衡空间探索与并行设计用于空间系统概念设计》一文中，对体系结构专门做了说明：**体系结构是代表整个项目形式和功能分析的分段层次，它也用于描述由特定设计向量确定的设计方案。**这就是说，体系结构除了它本身的含义之外，也可以用于描述一组特定的、部分的设计向量所代表的设计方案。在他们的这篇文章中，这种特定的设计向量所代表的设计方案就是概念设计。

下面举两个例子来说明将体系结构用作系统概念的例子。

美国 JPL 在介绍他们开发和使用的系统概念的分析方法时说到：JPL 通过一个被称作为**体系结构**团队的小组建立了一个探索、开发和评价**早期概念**的新方法。

美国联合太空联盟在向 NASA 汇报他们开展大推力运载火箭概念研究结果的报告中说：美国联合太空联盟很高兴向 NASA 马歇尔航天飞行中心提供这份最终研究报告，以支持对潜在的大推力运载火箭和空间传送**运载器概念**的权衡空间分析。美国联合太空联盟在这个团队中的责任是根据运行概念对运载器的配置及其对应的基本需求进行权衡，然后估计形成的**体系结构**的生命周期成本。

参 考 文 献

［1］　2016 NASA Systems engineering handbook.

［2］　2014 - MIT Concept Design and Tradespace Exploration.

［3］　2003 Multi - Attribute Tradespace Exploration Withconcurrent Design for Space System Conceptualdesign.

［4］　2002 GPG - 7120. 5，Goddard Procedures & Guidelines：Systems Engineering.

［5］　2011 Heavy Lift & Propulsion Technology Systems Analysis and Trade Study.

第 2 章　系统概念研究的重要性

2.1　概念设计对项目生命周期成本的重要性

统计数据表明：项目生命周期早期阶段对生命周期成本的影响最大。图 2-1 描绘了项目研发阶段与项目费用之间的关系，左上部分的曲线代表了研发阶段与该阶段所决定的成本之间的关系，右下部分的曲线代表各个研发阶段所消耗的费用。这两条曲线表明，概念决定阶段所消耗的费用占整个项目生命周期成本的很小一部分，但是它决定了 70% 左右的生命周期成本。

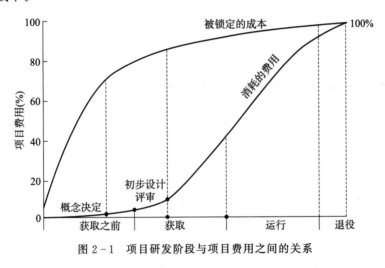

图 2-1　项目研发阶段与项目费用之间的关系

2.2　增加研发前期阶段投入的重要性

有学者研究了重大空间项目的研发前期阶段的投入与在项目完成时经费超支的定量关系后发现，研发前期阶段的投入不足是项目研发超支的一个重要原因。前面已经提到 NASA 的研发前期阶段就是概念研究阶段以及概念与技术开发阶段。

图 2-2 给出了 NASA 的一组历史数据。横坐标为研发前期阶段的成本占整个开发成本的百分比，纵坐标为在项目完成时经费超支的百分比。这组数据包括 26 个空间项目，其中有哈勃空间望远镜、跟踪与数据中继卫星系统、伽马射线空间望远镜卫星、海洋卫星、金星探测器和旅行者号探测器等。数据显示，那些初期研究经费较低的项目造成了开发成本的严重超标。由这个统计曲线还可以看到，研究阶段的成本占整个开发成本的 10% 可能是一个较好的折中选择。

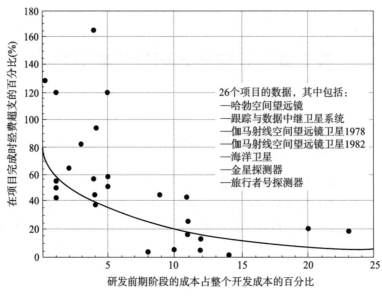

图 2-2　NASA 的一组历史数据

2.3　增加系统概念预选方案数量的重要性

在对系统概念的选择中，预选方案的数量较少也可能是造成成本增加和工期延长的一个重要原因。

美国政府问责局（GAO）是对美国重要的政府机构的支出和效益进行监督的专门机构。2009 年，GAO 发布了一篇报告：国防采购——许多对预选方案的分析并没有对武器系统的选择提供一个可靠的评价。

根据这篇报告，GAO 在对美国重大国防项目进行调研后发现：

1）大多数项目都没有对备选方案进行可靠的评价。

a）大多数项目在开始之前都只分析了一个较小范围的预选方案。

b）许多预选方案分析没有充分评估这个方案的风险。

2）过早地选择预选方案。在紧迫的时间内进行预选方案分析，并且没有有效的指导，限制了预选方案分析的范围和质量。

表 2-1 表明了 GAO 报告中 32 项重大国防采办项目成本增加和工期延长情况与进行预选方案分析情况的关系。

表 2-1　GAO 报告中 32 项重大国防采办项目成本增加和工期延长情况与进行预选方案分析情况的关系

进行预选方案分析的情况		成本增加和工期的延长		
		低	中	高
没有进行预选方案分析	对已有系统的修改	7		
	新的系统			3

续表

进行预选方案分析的情况	成本增加和工期的延长		
	低	中	高
对较大范围的预选方案进行分析	7	1	1
对较小范围的预选方案进行分析	4	1	8

报告还对表 2-1 中的内容进行了以下说明：

- 对较大范围的预选方案进行分析：预选方案的数目为 8～26。
- 对较小范围的预选方案进行分析：预选方案的数目为 2～5。
- 成本的增加：低增加：<10%；中增加：10%～24%；高增加：>25%。
- 工期的延长：低延长：<7 个月；中延长：7～12 个月；高延长：>12 个月。

在 32 个研究项目中，有 10 个没有做任何预选方案的分析。其中有 7 个是早期项目的更新，或者得到了其他分析的支持，它们的成本增加和工期的延长情况尚好；但是其他 3 个项目出现了成本大幅度增加和工期大幅度延长的情况。在其余的 22 个项目中，有 13 个项目只考虑了一个较小的可选范围，其中的 9 个项目有中度至高度的成本增加和工期延长的情况。另外的 9 个项目考虑了较大的预选方案范围，只有 2 个项目有中度至高度的成本增加和工期延长的情况。这组对美国国防部重大采办项目的调研数据，充分说明了开展预选方案评价的重要性，以及要对较多数量的预选方案进行评价的重要性。

2.4　系统概念研究的先进方法可能给传统的设计带来明显的改进

类地行星发现者（TPF）探测器是美国 NASA 开展的大型天文探索任务。2002 年，MIT 的 Cyrus Jilla 将 4 个承包商的 5 种 TPF 方案放到他开展的对 TPF 分析的权衡空间中进行比较，发现它们都没有落在最佳方案的集合（即帕累托前沿）上，如图 2-3 所示。该图的横坐标是 TPF 的性能，纵坐标是 TPF 的生命周期成本，图中的每一个点都代表一种概念设计方案。最佳方案的集合出现在该图右侧的粗斜线附近。

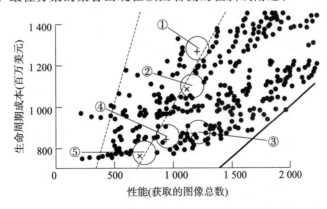

图 2-3　先进的系统概念研究方法有可能改进传统的设计

　　这张图的原图是图 12 - 15，这里是一个局部放大图。以图中的方案①为例，在它的正右方的方案，具有与它相同的生命周期成本，但是可能会提供比它高得多的性能。这种结果引起了这些承包商的兴趣和思考。

　　图中的标号及其对应的 5 个传统设计方案的所属公司分别是：

　　标号①为 TRW 公司方案一：结构相连的系统；

　　标号②为 JPL 方案；

　　标号③为 TRW 公司方案二：结构不相连的系统；

　　标号④为 Ball 航天公司方案；

　　标号⑤为洛克希德·马丁公司方案。

参 考 文 献

［1］ 2015 Techniques for Conducting Effective Concept Design and Design – to – Cost Trade Studies.

［2］ 2009 GAO – 09 – 665 Defense Acquisitions.

［3］ 2002 A Multiobjective，Multidisciplinary Design Optimization Methodology for the Conceptual Design of Distributed Satellite Systems.

第 3 章　概念设计与评价方法

3.1　概念设计与评价方法的选择原则

(1) 系统概念设计与系统概念评价的关系

系统概念设计作为一个阶段，它包括系统概念生成和系统概念评价两个过程。本书中系统概念设计特指系统概念的生成，尤其是指采用规范化的方法生成众多的系统概念的过程。

系统概念评价指的是在有了一些系统概念的方案之后如何采用规范化的方法对这些方案进行评价，得到一个或多个优胜方案。获取系统概念方案既可以采用规范化的系统概念设计的方法，也可以采用头脑风暴方法，或者是在已有系统基础之上进行改进以及借鉴别人先进设计而形成。

(2) 概念设计与评价方法的应用对象

概念设计与评价方法的应用对象主要是航天任务概念，同时也包括航天任务的技术。方法的选择还要兼顾到航天飞行器的几大领域，如运载火箭、空间推进技术、近地卫星和行星探测。

(3) 选择时依据的线索

- NASA 系统工程手册中提到的方法；
- NASA 独立验证和确认机构介绍的方法；
- NASA 系统工程课程中所提到的方法；
- NASA 及所属机构研发和使用的方法；
- 从网上搜索的美国学术机构为航天任务研发的方法。

(4) 选择时筛选的原则

从这些线索所提供的众多方法中选取那些有足够多的航天任务应用例子的方法：一方面，设置这条筛选原则的根据是，只有经过足够多的航天任务验证了的方法才说明这种方法确实在航天任务中得到了较为广泛的应用；另一方面，足够多的航天应用能让读者进一步地认识到该方法是如何应用到航天任务实践中的。

3.2　概念设计与评价方法一览表

概念设计与评价方法一览表见表 3-1。

表 3 - 1　概念设计与评价方法一览表

方法类型	简称	全称	研发机构或个人	通用或专用	提出的时间	应用例子的数目
概念评价	AHP 方法	层次分析法	Saaty	通用	20 世纪 70 年代	14
	QFD 方法	质量功能部署	Akao 等人	通用	20 世纪 70 年代	8
	普氏矩阵法	Pugh 方法	Stuart Pugh	通用	1990 年	9
	K - T 方法	Kepner - Tregoe 方法	Kepner 和 Tregoe	通用	1960 年左右	9
	TOPSIS 方法	根据对假想方案的相似度来进行方案排序的技术(优劣解距离法)	Yoon 和 Hwang	通用	1980 年	10
概念设计与评价	RMA 方法	快速任务体系结构方法	NASA 喷气推进实验室(JPL)	航天专用	2007 年	据称开展了 200 个以上的应用
	ROSETTA 方法	对技术和运输体系结构进行评价的降阶仿真方法	乔治亚理工学院	航天专用	20 世纪 90 年代	7
	MATE 方法	多属性权衡空间探索方法	麻省理工学院	航天专用	2000 年左右	9
	方法的综合使用 1	AHP+QFD+Pugh	美国联合太空联盟	通用	2011 年	1
	方法的综合使用 2	AHP+QFD+Pugh+TOPSIS	乔治亚理工学院	通用	2008 年	1

3.3　概念设计与评价方法的应用范围

概念设计与评价方法的应用范围主要包括：

1）**概念形成**：从决策者的要求出发，采用规范化的方法形成一些系统概念，经过概念评价得到一种或者几种概念。这些概念都出现在专门为航天任务开发的方法中，它们分别是 JPL 的 RMA 方法、乔治亚理工学院的 ROSETTA 方法以及麻省理工学院（MIT）的 MATE 方法。

2）**概念评价**：在众多的备选系统概念中选出一个或者几个概念。系统概念选择方法既可以针对系统级的概念，也可以针对分系统的概念（如推进系统）以及部件级的概念（如巡视器车轮的材料）。系统级的概念不仅包括大系统，即系统的系统（Systems of Systems，如金星探测系统中的轨道器、着陆器和气艇等），还包括运载火箭和卫星等系统。

3）**概念可行性验证**：分析某一种概念的可行性。

4）**概念的新技术引入**：在某种概念中引入若干种新技术，对新技术的组合进行选择，对优先级进行排序。它可以在对一个基线概念方案引入多项新技术、形成新的概念时，对新技术的组合、新概念的贡献进行评价（参见第 11 章 ROSETTA 方法中 TSTO 案例研究的内容）。

5）**技术发展规划**：根据总体战略发展要求，对若干种新技术的优先级进行排序，如对 NASA 的技术发展路线图中技术发展的优先级进行排序。

3.4　对各种方法主要应用领域的分析

本书对表 3-2 中 8 种方法应用例子的所属领域进行了粗略的归类，主要包括空间运输系统（含运载火箭）、卫星和行星探索（含深空探索），给出了 8 种方法应用领域的分布以及它们的主要应用机构。然后，观察各种方法所属领域和主要应用机构之间的关系。因为调查的数据量十分有限，这里的分析与统计仅供参考。

表 3-2 中灰色单元格表示的是各个方法中占优势的应用领域。

1）AHP 方法：较多应用于行星探索领域，主要应用机构是乔治亚理工学院。

2）QFD 方法：较多应用于行星探索领域，主要应用机构是 NASA 空间中心。

3）普氏矩阵法：较多应用于行星探索领域，不存在主要应用机构。

4）K-T 方法：较多应用于行星探索领域，主要应用机构是 JPL。

5）TOPSIS 方法：较多应用于行星探索和空间运输系统领域，主要应用机构是乔治亚理工学院和 SpaceWorks。

6）RMA 方法：主要应用于行星探索领域，主要应用机构是 JPL。

7）ROSETTA 方法：完全应用于空间运输系统，主要应用机构是乔治亚理工学院。

8）MATE 方法：主要应用于卫星领域，主要应用机构是麻省理工学院。

表 3-2　8 种概念选择方法的主要应用领域及应用机构

方法	应用领域			主要应用机构
	空间运输系统（含运载火箭）	卫星	行星探索（含深空探索）	
AHP 方法	4	1	8	乔治亚理工学院　5 个
QFD 方法①	2		5	NASA 空间中心　5 个
普氏矩阵法		2	7	无
K-T 方法			9	JPL　8 个
TOPSIS 方法	4	2	5	乔治亚理工学院和 SpaceWorks　7 个
RMA 方法②			（据称 200＋）	JPL　200＋
ROSETTA 方法	8			乔治亚理工学院　7 个
MATE 方法		7	1	麻省理工学院　8 个
小计	18	12	35＋	

① QFD 方法还有一个应用是，对 NASA 空间技术发展规划中的各类技术进行优先级排序。因无法归类，所以没有列入。

② JPL 的论文说，RMA 方法已经应用于超过 200 个项目。虽然其具体的应用领域不详，但是根据 JPL 主要承担的任务是太阳系的科学探索，所以有理由相信 RMA 方法的应用领域主要在行星探索项目中。

下面对表 3-2 呈现的统计数据进行分析。

1）行星探索在多种方法的应用中占优势，这可能与它在三大领域的应用中占比达到54%有关。这也就是说，行星探索的概念研究激发了更多人对此产生兴趣，或者促使更多人发表了有关应用的文章。

2）在 5 个通用的方法中，4 个方法都有占优势的应用机构，这可能与它们的使用习惯有关。

3）在 3 个航天专用的方法应用中，它们都有专用的应用领域。RMA 方法、ROSETTA 方法和 MATE 方法分别对应着行星探索、空间运输系统和卫星领域。RMA 方法本身就是为科学探索开发的，所以它适用于行星探索。ROSETTA 方法需要航天分系统学科的模型和数据库来支持，基础投入比较大，但是一旦建立起来以后就可以重复使用，使用效率比较高，所以它容易在一个应用领域中进行专门使用。另外，这个方法本身就是为空间运输系统的概念研究而研发的。

4）尽管 JPL、MIT、乔治亚理工学院这 3 个机构研发了专门的方法来支持它们感兴趣的特定领域的应用，但是这并不妨碍它们采用通用的方法来进行概念选择和评价。例如，JPL 的不少项目都采用了 K－T 方法，乔治亚理工学院在一些项目中也采用了TOPSIS 方法和 AHP 方法。

5）通用方法和专用方法都有它们自己的优势，也有它们自己的应用场合。

参 考 文 献

［ 1 ］ 2016 NASA Systems Engineering Handbook.

［ 2 ］ 2012 Survey of Trade Study Methods for Practical Decision – Making.

［ 3 ］ 2008 NASA Space Systems Engineering Module, Undergraduate Course Modules, Analytical Hierarchy Process (AHP) Module.

第 4 章　系统概念生成的方法

系统概念的生成是一个重要的问题。只有生成覆盖范围比较广泛的系统概念，才能进行更加有效的概念选择。从航天系统概念的有关实践来看，传统的方法包括根据已有的系统提出几种改进的方案、头脑风暴法。另外还有 3 种生成系统概念的方法，分别是形态矩阵法、文献调研法和权衡树法。

系统概念生成并不是一个孤立的过程，它是系统概念设计与评价全过程中的一个环节。

4.1　形态矩阵法

(1) 形态矩阵 (Morphological Matrix) 的基本概念

形态矩阵是形成多种系统方案的非常简单的结构化方法，它有助于发现通常不被考虑的新设计概念，形态矩阵的形式见表 4 - 1。它的关键之处在于对系统特性进行分解。在这里，系统特性就是系统的关键性设计变量。系统特性可以分成 m 个特性，再对每一个系统特性分别给出该特性可能具有的若干个具体特性，然后将这些具体特性组合起来。每一个组合就是一个概念设计。在这个所谓的矩阵中，每个特性具体的数目是不一样的。

表 4 - 1　形态矩阵的形式

系统特性	具体特性(或者叫作选项)				具体特性合计
特性 1	1.1	1.2			n_1
...					...
特性 m	$m.1$	...	...	$m.k$	n_m

一个系统方案是由 m 个系统特性组成的，所以可能的系统方案总数是由这些特性的组合而形成的。可由下列公式计算

$$N = \prod_{i=1}^{m} n_i$$

为了获得航天任务潜在的方案，要通过形态矩阵对航天飞行器和任务进行物理分解和功能分解，形成矩阵中系统特性的选项。

1) 物理分解形成了空间飞行器特性的选项。它们包括数据中继、能源、热控方法、结构和着陆方法以及高水平的体系结构的方案等，如着陆器平台、飞行器的种类和飞行器的数量。

2) 功能分解产生了发射、星际间的转移、轨道插入、进入—下降—着陆以及科学测量等选项。

在得到形态矩阵中的系统特性选项之后，设计团队可以采用头脑风暴法实现每个特性的可能选项。

(2) 使用形态矩阵形成系统概念方案案例

下面通过 3 个例子来说明采用形态矩阵生成概念选项法。这 3 个例子分别是地球大气观测卫星 X-TOS，由轨道器、探空气球和着陆器组成的金星探索任务 VISE 以及水平发射任务中的运载火箭。

① X-TOS

在 MIT 的 MATE 方法中，系统概念生成与系统概念设计及评价全过程的关系如下：

形成概念设计的方案需要从用户要求出发，经过几个中间环节，然后在此基础上开展形态矩阵分析。其中的准备工作包括：确定任务概念和用户要求、定义系统属性和定义设计向量，如图 4-1 所示。图 4-1 是从图 12-5 MATE 方法的工作步骤中截取出来的一部分。

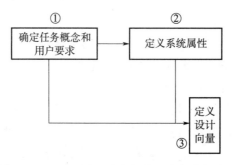

图 4-1   MATE 方法中与概念生成有关的过程

X-TOS 是一颗对地球大气层进行测量的卫星。它的系统特性用设计变量来表达。系统特性分别是任务场景、轨道参数以及飞行器的物理参数，再分解成子特性。在这种分解中并不是将与这项任务相关的所有重要特性都包括进来（如运载火箭）。这是因为运载火箭虽然重要，但对于这项对 X-TOS 进行概念权衡分析任务而言，它并不是关键的。选择一枚运载火箭将这种普通的卫星送入地球轨道是一项成熟的日常工作，它不会对 X-TOS 卫星任务的性能、成本或者工期产生明显的影响。

表 4-2 中原来叫作具体特性或者选项的地方，现在采用的是取值范围。系统的具体特性或者选项有两种类型：一种是离散型的，另一种是连续型的。虽然离散型的特性可以用离散的取值来表示，但是对于连续型的特性，在这里只能给出它们的取值范围，然后在下面适当的时机决定这些连续特性的采样间隔。表 4-2 中最后给出了对采样间隔进行选择后设计组合的总数为 50 488。

表 4-2   X-TOS 卫星概念的形态矩阵

X-TOS 卫星的设计变量	取值范围
任务场景	
卫星数目和发射模式	单个卫星、单次发射;两个卫星、顺次发射;两个卫星、同时发射

续表

X－TOS 卫星的设计变量	取值范围
轨道参数	
远地点高度/km	200～2 000
近地点高度/km	150～350
轨道倾角/(°)	0、30、60、90
飞行器的物理参数	
天线增益	高、低
通信的体系结构	TDRSS、ASFCN
供电类型	燃料电池、太阳帆板
推进器的类型	电、化学
速度增量/(m/s)	200～1 000
设计组合的总数	50 488

②金星探索任务 VISE

在金星探索任务 VISE 的案例中，系统概念生成与系统概念设计与评价全过程的关系如下：

形成概念设计的方案需要从系统目标出发，经过定义工程特性中间环节后，在此基础上开展形态矩阵分析。图 4-2 是从图 13-5 评价步骤中截取出来的一部分。

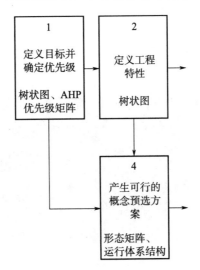

图 4-2　金星探索任务中与概念生成有关的过程

图 4-3 所示的 VISE 形态矩阵有 20 行，分为结构/配置和任务选项。这 20 个选项是对 VISE 航天器和任务的功能分解和物理分解。VISE 的形态矩阵包含 12 441 600 000 种可能的组合。在开展具体的评价之前，形态矩阵中首先要删除那些明显不合理的选项，这可以减小权衡空间的范围。决策者们通过头脑风暴法对选项进行选择。图 4-3 中浅灰色的单元格表示的是决策者经过初步分析选取的方案。

工程特性	选项的数目									选项的数目
	1	2	3	4	5	6	7	8	9	
1. 结构/配置										
1.1 着陆器配置										
1.1.1 数据中继	从表面直接传送	升起后中继	通过轨道器中继							3
1.1.2 着陆平台	推进式	Rigid Bellows	机械式	金星飞机	直升机	气球滑行器	气球-气泵	气球-可燃气体	气艇	9
1.1.3 电池供给	太阳帆板	燃料电池	传统 RTG	ASRG	金星现场					5
1.1.4 有源热控系统	低温冷却剂	热	二氧化碳相变	其他相变装置	无					5
1.1.5 无源热控系统	真空隔热	集中器气凝胶								2
1.1.6 着陆装置	常规	轮子	可压碎的	充气的	无					5
1.2 结构材料	铝	钛	复合材料							3
1.3 运载器数目	仅有着陆器	着陆器和轨道器								2
1.3.1 着陆器的数目	1	2	3	4						4
1.3.2 轨道器的数目	0	1	2	3	4					5
2. 任务										
2.1 离开地球										
2.1.1 发射系统	阿特拉斯	德尔它	阿里安	俄罗斯						4
2.1.2 传送器类型	Spiral	直接插入	低能量传送							3
2.1.3 直达金星	是	否								2
2.2 金星进入降落及着陆方法	Buoyancy	推力	降落伞	组合式	其他					5
2.3 金星轨道插入（轨道器）	大气捕获	推力	组合	大气制动						4
2.4 科学										
2.4.1 表面研究										
2.4.1.1 组成成分	是	否								2
2.4.1.2 地震学	是	否								2
2.4.1.3 测绘	是	否								2
2.4.2 大气研究										
2.4.2.1 组成成分	是	否								2
2.4.2.2 动力学	是	否								2

图 4 - 3　VISE 形态矩阵

③运载火箭

2012 年，NASA - DARPA 共同发表了《水平发射：一个确保空间使用权的通用概念 NASA - DARPA 水平发射研究报告》。它的概念示意图如图 4 - 4 所示，图中下方是大型商用飞机，在它的上部是运载火箭。

图 4 - 4　水平发射运载火箭的概念示意图

水平发射运载火箭的任务概念形态矩阵见表 4 - 3。

表 4 - 3　水平发射运载火箭的任务概念形态矩阵

	选项 1	选项 2	选项 3	选项 4
火箭的级数	1	1.5(扔掉推进剂贮箱)	2	3
各级发动机的数目	1	2	3	

续表

	选项 1	选项 2	选项 3	选项 4
推进器的类型	RP	LH2	固体	
第 1 级是否可重用	是	否		

好的设计选项应该具有如下属性：

- 涵盖可能的解决方案的整个范围。
- 它们是现实的。
- 它们在设计者的直接控制之下。
- 对系统的效能和成本产生明显的影响。

4.2　文献调研法

文献调研法就是对已经发表在文献中的任务概念进行调查、归纳和整理，形成初步的任务概念清单。这里有以下两个采用这种方法的例子。

(1) NASA - DARPA 机载水平发射概念研究举例

在前面提到的 NASA - DARPA 水平发射研究报告中，研究者在开始进行概念评价之前，收集了以往将近 60 年美国和其他各国的研究，归纳了 136 个概念。对于这些概念进行初步筛选后形成了 18 个有代表性的概念，然后进行概念权衡。

(2) NASA 行星水循环系统

2019 年，NASA 艾姆斯研究中心和圣何塞州立大学共同发表了《行星水循环系统权衡研究》一文。研究者通过文献调研和其他方式的调研，收集可能用于行星空间任务的水循环技术。共归纳了 24 个技术方案，然后从这些方案中选取 18 个技术方案用于后续的评价分析。

4.3　权衡树法

JPL 开展海王星、海卫一和 KBO 天体探索系统研究举例

2010 年，JPL 和其他单位共同发表了《NASA 任务概念研究，行星科学 10 年综述，JPL 快速任务体系结构（方法），海王星、海卫一和 KBO 天体研究的最终报告》。

该探索系统体系结构的关键选项包括飞行器轨道、飞行器装置、飞行系统和运行概念等。其中的飞行器轨道尤为重要，它极大地影响了其他几个体系结构关键选项的选择。这里只介绍飞行器轨道的形成方法，其他几个体系结构关键选项的选择方法请参见本书第 10 章的相关内容。

该研究通过权衡树形成任务最高层次的体系结构方案——飞行器轨道。但是这项工作并不是孤立存在的，在这之前需要确定任务的科学目标及对任务的技术需求，在它之后还要确定体系结构选项具体的关键元素和参数。如图 4 - 5 所示，权衡树出现在步骤②初步

形成体系结构选项中。这3个步骤的具体情况可参见本书10.4节"RMA方法的具体分析步骤和航天应用案例"。

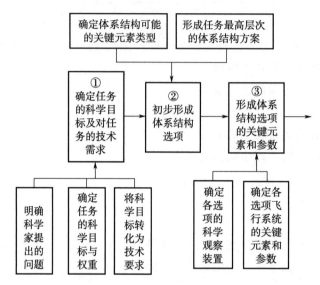

图4-5 对海王星等3个天体进行探索的体系结构形成过程

权衡树是一种逐级分解的树状结构。首先根据轨道器的特征将预选方案分成几个大类，然后将各类任务分解成不同的体系结构类型。根据可行性选出将参加正式权衡评价的方案，并对它们进行标识。对海王星等3个天体进行探索的系统概念方案的权衡树如图4-6所示。

权衡树的第1个层次：根据轨道器的特征将预选方案分成4类：飞越任务、最小轨道器任务、简单轨道器任务和高性能轨道器任务。

权衡树的第2个层次：将各类任务分解成不同的体系结构类型，如飞越任务被分解成3个天体旗舰类飞越和3个天体低成本飞越。

权衡树的第3个层次：各个体系结构类型又被分解为若干个子选项，如低成本飞越的子选项包括：聚焦海王星的飞越、聚焦海卫一的飞越和聚焦KBO的飞越、最佳综合性的飞越、KBO的多次飞越、半人马座飞越（不包括KBO）。然后选出将参加正式权衡评价的方案，并对它们进行标识。这里共选出了14个体系结构的选项，这14个选项在图4-6中用灰色单元格标识。

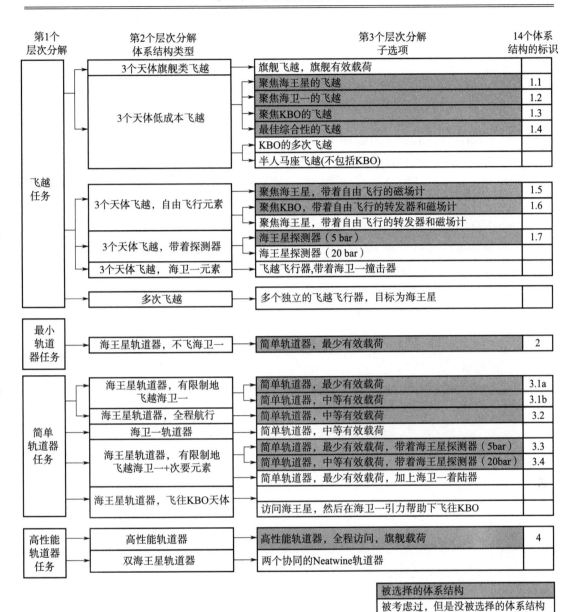

图 4-6 对海王星等 3 个天体进行探索的系统概念方案的权衡树

参 考 文 献

［1］ 2009 Concept Design and Tradespace Exploration.

［2］ 2008 A Systematic Concept Exploration Methodology Applied to Venus In situ Explorer.

［3］ 2012 Horizontal Launch: A Versatile Concept for Assured Space Access.

［4］ 2019 A Versatile Concept for Assured Space Access, Report of the NASA - DARPA Horizontal Launch Study.

［5］ 2010 Mission Concept Study, Planetary Science Decadal Survey, JPL Rapid Mission Architecture, Neptune - Triton - KBO Study Final Report.

［6］ 2019 Dominant Suborbital Space Tourism Architectures.

第 5 章　AHP 方法

5.1　AHP 方法介绍

方法名称：层次分析法（Analytic Hierarchy Process，AHP）；

提出的时间：20 世纪 70 年代中期；

提出的机构或个人：Thomas L. Saaty；

主要应用领域：广泛应用于各个领域；

主要作用：概念评价。通过成对比较得到相对优势的排序或者相对重要性，此方法经过扩展后可对概念进行比较和权衡；

评价原理：首先计算系统属性的权重，然后计算预选方案对各个属性得分的加权和，根据这个加权和对方案进行优先性排序；

所需要的系统模型和工具支持：实现 AHP 概念选择的方法可以采用 EXCEL 的模板，也可以采用商业化的工具进行分析，如 Expert Choice。Super Decisions. 2017 年出版了专门介绍如何使用 Super Decisions 开展 AHP 的书——《Practical Decision Making using Super Decisions v3 An Introduction to the Analytic Hierarchy Process》；

掌握的难度：比较容易；

特点：方法简单。既可以独立使用进行概念评价，也可以在其他概念评价方法中承担计算权重的任务。

AHP 方法是由 Saaty 在 20 世纪 70 年代中期提出来的，它是一种基于成对比较的多属性决策技术，可以对目标的相对重要性进行评定，对预选方案进行选择。在过去的几十年中，AHP 方法已经成为一种常用的决策工具。它不仅可以单独使用，还可以被其他多属性决策技术所使用。在对概念进行评价的一些多属性决策技术中，经常假设目标的权重为已知，这时就需要一种获取目标权重的方法与其配合，而 AHP 方法可能是一种较好的选择。它的缺点是，当目标的数量和预选方案的数量较多时，它的处理过程就变得比较费时。

下面除了重点介绍 AHP 的工作步骤之外，还对两项重要的分析工作以及三个问题进行讨论，具体如下：

- AHP 方法的工作步骤；
- 对比较矩阵进行一致性分析的方法；
- 对权衡结果进行灵敏度分析；

- 打分时自然语言与量化分值的转换问题；
- 关于系统属性的权重分析可以采用两种方法的讨论；
- 层次化的准则在系统概念评价中的应用。

（1）AHP方法的工作步骤

在待选方案的选择中，通常是用客户所需要的属性对系统待选方案进行权衡。根据系统待选方案对属性贡献的得分选择最佳的待选方案，为此评价工作需要分两个阶段进行。因为客户所需要的属性有不同的重要性，它们对待选方案的选择起着不同程度的作用，所以第1阶段要分析客户所需要属性的相对重要性。第2阶段使用加权后的属性对各个待选方案进行评价。AHP方法既可以进行第1阶段的属性权重分析，也可以用于对待选方案进行评价。

第1阶段：系统属性的权重分析

系统属性就是用户对系统所需要的属性。从用户角度来看，这些属性有不同的重要性。对重要性高的属性，待选方案应该优先满足这些属性。这个阶段分成以下几步来完成：

第1步：建立一个优先级比较矩阵。这个矩阵的行和列都是系统的属性，矩阵中央是它们两两相比的相对重要性。

在这个矩阵的对比中，采用1～9的数字对属性之间的相对重要性进行打分。各属性在矩阵的列上表示的是该属性重要性对比的得分。1表示两种属性同样重要，3表示属性A比属性B有些重要，5表示比较重要，7表示非常重要，9表示极其重要，而2、4、6、8是它们的中间值。优先级比较矩阵见表5-1，该矩阵只需要填写对角线右上部分或者对角线左下部分即可，另一部分的数值是前一部分的倒数。这是一个寻找工作的权衡问题。从表5-1中填写的数据来看，位置与工作的重要性对比是6，这说明寻找工作者对位置的要求要稍强于对工作性质的要求。

表5-1　优先级比较矩阵

	位置	时间	工作
位置	1	1/3	1/6
时间	3	1	1/4
工作	6	4	11

优先级比较矩阵的数学表达式为

$$A = \begin{bmatrix} 1 & a_{12} & & a_{1n} \\ a_{21} & \cdots & a_{ij} & \cdots \\ \cdots & a_{ji}=1/a_{ij} & \cdots & \cdots \\ a_{n1} & \cdots & \cdots & 1 \end{bmatrix}$$

第2步：计算各属性得分的和。将各属性所对应的各个列中的数字相加，数学表达式为

$$A_j = \sum_{i=1}^{n} a_{ij}$$

第 3 步：采用各属性得分之和，对矩阵元素进行归一化。其方法是将第 1 步优先级比较矩阵中各属性的得分值除以各属性得分的和，得到归一化后得分的矩阵，数学表达式为

$$a_{ij}^* = \frac{a_{ij}}{A_j}$$

第 4 步：计算各属性归一化后分值的算术平均值。该平均值就是各属性重要性的最终得分，数学表达式为

$$W_i = \frac{1}{n} \sum_{j=1}^{n} a_{ij}^*$$

这里给出了采用 AHP 方法进行系统属性的权重分析的例子。上面描述的 4 个步骤分别对应着这个例子中的①②③④。这是一个具有 4 个属性的例子，如图 5-1 所示。

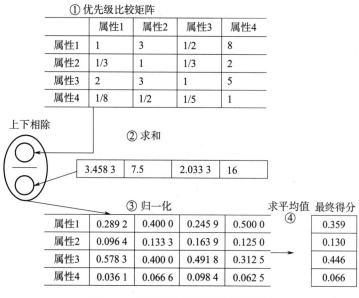

图 5-1　系统属性的权重分析的例子

第 2 阶段：对方案的评价

在已知属性的权重的条件下对待选方案进行评价。

第 1 步：从第 1 阶段得到的系统属性的权重 W_i 开始，列出已知属性的权重。

第 2 步：分别计算方案 i 对属性 j 的得分 S_{ji}。其步骤和方法与上面介绍的属性加权分析相同。如图 5-2 中②所示，其中，左边矩阵表示的是以属性 1 作为标准，得出每一对方案符合属性 1 的相对程度。按照这种方法分别画出针对各个属性的方案两两对比矩阵。

第 3 步：计算待选方案对各个属性得分的加权和。即将第 2 步中求得的待选方案对各个属性的得分分别与第 1 步中给出的各属性的权重相乘，然后相加，就得到了各个待选方案的最后得分。计算概念 i 的最后得分 P_i 的公式为

$$P_i = \sum_j^J W_j S_{ji}$$

式中　P_i ——被评概念 i 最终的优先性得分；

　　　W_j ——属性 j 的权重；

　　　S_{ji} ——被评概念 i 对于属性 j 的得分。

具体计算过程如图 5-2 所示。其计算过程按图中①②③的顺序进行。

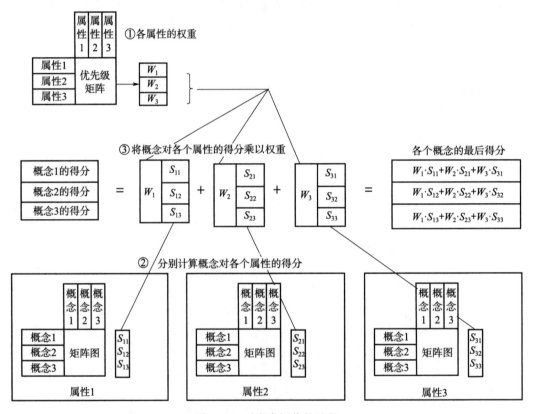

图 5-2　对方案评价的过程

（2）对比较矩阵进行一致性分析的方法

对专家填写的每一个比较矩阵中的值都必须进行一致性检查，以保证分析结果的有效性。这种一致性检查指的是对矩阵中的值之间的关系进行。一个数据之间不一致的例子是，数据 A 比数据 B 重要，数据 B 比数据 C 重要，但是在填写的矩阵中却出现了数据 C 比数据 A 重要的现象。这显然是错误的，如果不及时发现这种错误，它们将影响分析结果的有效性。

下面通过一个简单的例子来说明一致性检查的方法和步骤。

前面提到过一致性检查应该对每一个比较矩阵进行，这个例子是对评价准则的权重进行的分析。其中的 1）～4）是评价权重的基本步骤，从 5）开始是一致性检查的具体步骤。

1）确定评价准则，并在评价准则的矩阵中对它们的相对重要性进行成对比较，比较矩阵见表 5 - 2。

表 5 - 2　评价准则的成对比较矩阵

	准则 1	准则 2	准则 3	准则 4
准则 1	1	1/5	1/9	1
准则 2	5	1	1	5
准则 3	9	1	1	5
准则 4	1	1/5	1/5	1

2）对比较矩阵中的每一列求和，见表 5 - 3。

表 5 - 3　对比较矩阵中的每一列求和

	准则 1	准则 2	准则 3	准则 4
准则 1	1	1/5	1/9	1
准则 2	5	1	1	5
准则 3	9	1	1	5
准则 4	1	1/5	1/5	1
和	16.00	2.40	2.31	12.00

3）采用每一列元素的和对每一列的元素进行归一化，见表 5 - 4。

表 5 - 4　对每一列的元素进行归一化

准则 1	1/16＝0.063	0.083	0.048	0.083
准则 2	5/16＝0.313	0.417	0.433	0.417
准则 3	9/16＝0.563	0.417	0.433	0.417
准则 4	1/16＝0.063	0.083	0.087	0.083

4）计算每一行元素的算术平均值，这就是准则的权重，见表 5 - 5。

表 5 - 5　计算准则的权重

	准则的权重
准则 1	（0.063＋0.083＋0.048＋0.083）/4＝0.069 3
准则 2	（0.313＋0.417＋0.433＋0.417）/4＝0.395
准则 3	（0.563＋0.417＋0.433＋0.417）/4＝0.457 5
准则 4	（0.063＋0.083＋0.087＋0.083）/4＝0.079

5）计算主本征值。将上述权重与原来比较矩阵的每一列的和［在 2）的矩阵中］相乘，然后相加，这就是主本征值 λ_{max}，见表 5 - 6。

表 5 - 6　计算主本征值

权重	0.069 3	0.395	0.457 5	0.079
比较矩阵的每一列的和	16.00	2.40	2.31	12.00
主本征值 λ_{max}	0.069 3×16.00 ＋0.395×2.40 ＋0.457 5×2.31 ＋0.079×12.00＝4.06			

6）计算一致性指数 CI。

下列公式中的 n 为矩阵的阶数。

$$CI = \frac{\lambda_{max} - n}{n - 1} = \frac{4.06 - 4}{4 - 1} = 0.02$$

7）计算一致性比值 CR。

一致性比值 CR 的计算公式为

$$CR = \frac{CI}{RI} = \frac{0.02}{0.9} \approx 0.02 < 0.1$$

式中，RI 为随机指数，根据 Saaty 提供的表 5 - 7 进行取值；n 为矩阵的阶数。

表 5 - 7　随机指数取值表

n	1	2	3	4	5	6	7	8	9	10
RI	0	0	0.58	0.9	1.12	1.24	1.32	1.41	1.45	1.49

对一致性比值的结果进行检查，如果此值小于 0.1，则说明成对比较的矩阵具有良好的一致性，其分析结果是有效的。如果该比值大于 0.1，则说明专家在成对比较的矩阵中填写的值出现了问题，应该对比较矩阵进行检查和重新填写。

（3）对权衡结果进行灵敏度分析

灵敏度分析是研究准则权重变化对权衡研究结论的影响，我们希望在准则权重发生较小变化时，权衡研究的结论不发生变化，这说明已经进行的权衡研究是健壮的，可信度较高。如果在准则权重发生较小变化时，权衡研究的排序有明显的变化，这时需要进一步检查给出的数据和分析的过程。下面用一个例子来说明进行灵敏度分析的方法和步骤。

假设有一个采用 3 个准则对 3 个方案进行评价的例子。按照前面介绍的方法走到了第 2 阶段的第 3 步，即按照下列公式计算待选方案对各个属性得分的加权和，也就是待选方案最终的优先性得分。

$$P_i = \sum_{j}^{J} W_j S_{ji}$$

式中　P_i ——被评概念 i 最终的优先性得分；

　　　W_j ——属性 j 的权重；

　　　S_{ji} ——被评概念 i 对于属性 j 的得分。

为了表达方便，这里采用矩阵的形式。

P 为 3 个概念最终的优先性得分矩阵。

W_1、W_2、W_3 分别为 3 个属性（即准则）的权重。

S_{c1}、S_{c2}、S_{c3} 分别为被评方案对于 3 个属性（即准则）的得分矩阵。

$$\boldsymbol{P}=\begin{pmatrix}P_1\\P_2\\P_3\end{pmatrix}=W_1 S_{c1}+W_2 S_{c2}+W_3 S_{c3}=\frac{1}{7}\begin{pmatrix}\frac{4}{9}\\\frac{4}{9}\\\frac{1}{9}\end{pmatrix}+\frac{2}{7}\begin{pmatrix}\frac{6}{10}\\\frac{3}{10}\\\frac{1}{10}\end{pmatrix}+\frac{4}{7}\begin{pmatrix}\frac{1}{11}\\\frac{2}{11}\\\frac{8}{11}\end{pmatrix}\approx\begin{pmatrix}0.287\\0.253\\0.460\end{pmatrix}$$

计算后得到 3 个方案的优先性数值。其中，方案 3 的优先性数值最高，$P_3 = 0.460$，所以它被认为是最佳的方案。

下面进行灵敏度分析，其目的是考察将方案 3 作为最佳方案的决策健壮性，这里只考察准则 3 的权重发生变化时这个决策是否不发生变化，或者是在什么范围内不发生变化。同样的分析可以应用到准则 1 和准则 2 的权重上。分析的方法是改变准则 3 的权重，使它在（0，1）之间连续变化，观察 3 个方案排序的变化情况。在准则 3 的权重发生变化时，保持准则 1 和准则 2 的权重之间原有的比例，即 1：2 的关系，这样就可以得到下列的表达式

$$\boldsymbol{P}=\begin{pmatrix}P_1\\P_2\\P_3\end{pmatrix}=\frac{1}{3}(1-W_3)\begin{pmatrix}\frac{4}{9}\\\frac{4}{9}\\\frac{1}{9}\end{pmatrix}+\frac{2}{3}(1-W_3)\begin{pmatrix}\frac{6}{10}\\\frac{3}{10}\\\frac{1}{10}\end{pmatrix}+W_3\begin{pmatrix}\frac{1}{11}\\\frac{2}{11}\\\frac{8}{11}\end{pmatrix}$$

第 1 个方案优先性得分的函数是

$$P_1=\frac{74(1-W_3)}{135}+\frac{W_3}{11}=\frac{74}{135}-\frac{679}{1485}W_3$$

第 2 个方案的优先性得分函数同样可以获得。当 W_3 在 0～1 区间量化时，可以得到 3 个方案优先级得分函数的图形表达方式。对于这样的结果，可以进行以下的灵敏度分析：

在图 5-3 中，P_1、P_2 和 P_3 分别是 3 个方案的优先性得分函数随着第 3 个准则的权重 W_3 变化的情况，$W_3 = 4/7$ 是原来分析方案优先级的结果。可以看到，当 W_3 从这一点增加时，方案 1 和方案 2 的优先性得分仍然都低于方案 3 的得分，也就是说，在这个区间里原来分析的结果是稳定的、健壮的。但是当第 3 个方案的权重 W_3 减少到一定程度后，第 3 个方案的优先性便发生了变化，此时第 1 个方案的优先性得分最高。

（4）打分时自然语言与量化分值的转换问题

在 AHP 方法中，将专家意见转换为定量评价的关键环节就是采用成对比较打分方法，也就是对被评价的对象（如评价准则）的相对重要性进行两两的对比。Saaty 提出的线性打分方法将专家对评价对象之间的相对重要性从自然语言转换为 1～9 的分值，这种方法迄今为止仍然被广泛应用。但是这种转换方法的合理性和依据，似乎还缺乏强有力的数据支持。在 Saaty 提出线性打分方法之后，许多研究者提出了不同的转换方法。其中，一些研究采用实验的方法用数据支持，有的专家认为 Saaty 的线性打分方法并不一定是最好

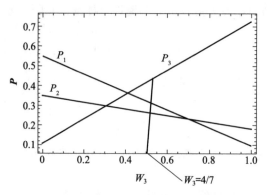

图 5-3　对评价结果的灵敏度分析

的，Salo 和 Hämäläinen 提出的平衡打分方法被视为比较有影响的方法。线性打分方法和平衡打分方法的比较见表 5-8。迄今为止，什么是最好的打分方法，似乎尚无定论。

表 5-8　两种打分方法的对比

自然语言的描述	线性打分方法	平衡打分方法
无差异	1	1
	2	1.22
有些偏好	3	1.5
	4	1.86
明显偏好	5	2.33
	6	3
非常明显的偏好	7	4
	8	5.67
极端偏好	9	9

(5) 关于系统属性的权重分析可以采用两种方法的讨论

在前面第 1 阶段介绍的系统属性的权重计算方法中，采用的是算术平均法。但是在 AHP 方法的应用和发展中，Djikstra 和 Davoodi 分别在 2009 年和 2010 年提出了计算权重的第 2 种方法——行几何平均法，也就是对两两比较矩阵的每一行元素计算它们的几何平均值作为属性的权重。这个方法提出以后，受到了 AHP 业界许多人的支持。它的最大特点是没有排序翻转的问题，并且可以很容易地进行手工计算。

排序翻转的问题：对于一个评价待选方案优先性的问题，在获得了各个待选方案的优先性得分之后，如果在原有的评价矩阵中增添另一个方案，而这一个方案恰恰是原有预选方案中的一个准确的复制，然后重新进行优先性评价，新的排序结果可能出现与原有的排序结果不一致的地方，这就是排序翻转的现象。

行几何平均法在 NASA 兰利研究中心等机构于 2019 年发表的论文——在空间探索车辆的轮子方案选择中得到了使用。论文认为：在分析准则的两两比较的权重矩阵中，计算每一个准则的权重既可以采用算术平均法，也可以采用行几何平均法。现对行几何平均法简介如下：

下列矩阵是为了求得各个准则的相对重要性而进行的两两比较。矩阵中的元素是评价者填写的两两比较的结果。

$$\boldsymbol{C} = \begin{bmatrix} 1 & a_{12} & \cdots & a_{1m} \\ 1/a_{12} & 1 & \cdots & a_{2m} \\ \cdots & \cdots & 1 & \cdots \\ 1/a_{1m} & 1/a_{2m} & \cdots & 1 \end{bmatrix}$$

行几何平均法就是首先计算每一行元素的几何平均值。

$$\overline{A_k} = \sqrt[m]{\left(\prod_{\ell=1}^{m} a_{k\ell}\right)} = \sqrt[m]{a_{k1} a_{k2} \cdots a_{km}}$$

式中　a_{kl} ——矩阵中第 k 行的元素；

　　　m ——每行的元素个数。

在求得每行元素的几何平均值之后，再对其进行归一化。

$$A_k = \frac{\overline{A_k}}{\sum_{q=1}^{m} \overline{A_q}}$$

对于这两种计算准则权重方法的比较，NASA 兰利研究中心的文章说：采用两种方法均能获得满意的结果，适用于实际应用。在他们的研究中，为了计算的简单性以及与微软 Excel 的兼容，采用了行几何平均法。

本书借助于前面在第 1 阶段中介绍的系统属性的权重分析的例子，验证算术平均法与行几何平均法结果的一致性。

表 5 - 9 是原来使用算术平均法来计算系统属性的权重的例子，得到 4 个属性的权重分别是 0.359、0.130、0.446 和 0.066，见表 5 - 10。

表 5 - 9　使用算术平均法计算属性的权重

	属性 1	属性 2	属性 3	属性 4
属性 1	1	3	1/2	8
属性 2	1/3	1	1/3	2
属性 3	2	3	1	5
属性 4	1/8	1/2	1/5	1

采用行几何平均法对同样的对比矩阵计算其属性的权重，将它的结果与算术平均法的结果在表 5 - 10 中进行比较，可以看到它们之间的差距比较小。

表 5 - 10 两种方法计算结果的比较

	属性 1	属性 2	属性 3	属性 4
算术平均	0.359	0.130	0.446	0.066
行几何平均	0.345	0.127	0.434	0.062

（6）层次化的准则在系统概念选择中的应用

AHP 方法的名称就是层次分析法。这里层次的含义就是根据需要可以对准则一级一级地分解，然后根据多层次的准则，对预选方案进行评价。本书 5.3 节航天应用案例研究：探月着陆和返回的推进系统权衡研究就是使用 AHP 方法的这个特点，将准则进行了多个级别的分解，并且使用 AHP 方法根据多层次的准则对预选方案进行了评价。

5.2 航天应用案例（14 个）

这里给出了 AHP 方法在航天任务中应用的例子，按照论文发表的时间顺序排列。

（1）文献题目：针对 AHP 方法中用户意见不一致的灵敏度分析

作者单位：NASA；

发表时间：2019 年；

所属领域：行星探索；

分析对象：空间探索车的车轮设计。

（2）文献题目：用于可承受系统的空间推进评价过程和准则

作者单位：NASA 肯尼迪航天中心；

发表时间：2017 年；

所属领域：空间运输系统；

分析对象：空间推进系统的评价过程和准则。在设计属性的基础上利用 AHP 方法建立了一套对空间推进系统进行评价的准则。

（3）文献题目：使运载火箭上面级偏离轨道可展开的阻力装置的权衡研究

作者单位：乔治亚理工学院；

发表时间：2015 年；

所属领域：运载火箭；

分析对象：使运载火箭上面级偏离轨道的可展开阻力装置。对 4 种阻力装置方案的风险进行权衡。

（4）文献题目：颠覆性的空间能源和推进技术

作者单位：欧洲共同体下面的 6 个机构；

发表时间：2013 年；

所属领域：空间运输系统；

分析对象：分析了 10 项空间能源技术和 10 项空间推进技术。

（5）文献题目：月球和火星居住的温室系统分析和评价

作者单位：德国宇航中心；

发表时间：2012 年；

所属领域：行星探索；

分析对象：月球和火星居住的温室。

（6）文献题目：ESAS 人类火星探测地球出发阶段设计

ESAS：探索系统体系结构研究；

作者单位：乔治亚理工学院和 NASA；

发表时间：2011 年；

所属领域：运载火箭；

分析对象：载人火星探测的离开地球阶段的设计；

分析方法：AHP＋TOPSIS。

（7）文献题目：用于在不确定条件下多属性决策的概率 AHP 和 TOPSIS

作者单位：乔治亚理工学院；

发表时间：2011 年；

所属领域：卫星；

分析对象：卫星的轨道和运载火箭的选择；

分析方法：AHP＋TOPSIS。

（8）文献题目：月球居住的最小功能元素

作者单位：马里兰大学（该研究受到 NASA 资助）；

发表时间：2009 年；

所属领域：行星探索；

分析对象：月球居住的最小功能元素；

分析方法：AHP＋QFD。

（9）文献题目：人类火星探测的设计参考体系结构

作者单位：NASA 约翰逊航天中心；

发表时间：2009 年；

所属领域：行星探索；

分析对象：火星着陆器的配置。

（10）文献题目：从任务目标到设计：无人空间探索筛选的有效框架

作者单位：乔治亚理工学院；

发表时间：2007 年；

所属领域：行星探索；

分析对象：对某个小行星进行科学探测和轨道确定任务的设计；

分析方法：AHP+QFD。

(11) 文献题目：Gryphon：支持半永久性的月球前哨基地的、灵活的月球着陆器设计

作者单位：乔治亚理工学院和 NASA；

发表时间：2007 年；

所属领域：行星探索；

分析对象：月球着陆器；

分析方法：形态矩阵，AHP+QFD+OEC（整体评价准则方法）。

(12) 文献题目：为人类系统技术选择系统级的评价过程

作者单位：Jacobs Sverdrup 公司（为 NASA 约翰逊航天中心工作）；

发表时间：2005 年；

所属领域：行星探索；

分析对象：星球居住的内部环境。

(13) 文献题目：火星任务：如何采用核能将人送到那里并返回

作者单位：麻省理工学院；

发表时间：2003 年；

所属领域：行星探索；

分析对象：用于载人火星任务的空间能源系统和火星表面的能源系统的核能技术。

(14) 文献题目：月球着陆器和返回推进系统权衡研究

作者单位：NASA 约翰逊航天中心；

发表时间：1993 年；

所属领域：行星探索；

分析对象：月球着陆器和返回推进系统。14 个推进系统方案，7 个准则。

5.3　航天应用案例研究：探月着陆和返回的推进系统权衡研究

论文题目：探月着陆和返回的推进系统权衡研究；

发表时间：1993 年；

作者单位：NASA 约翰逊航天中心。

本应用案例研究的目标是为建立第一个月球前哨基地提供着陆和返回推进系统的方案评价。探月着陆和返回过程的示意图如图 5 - 4 所示。

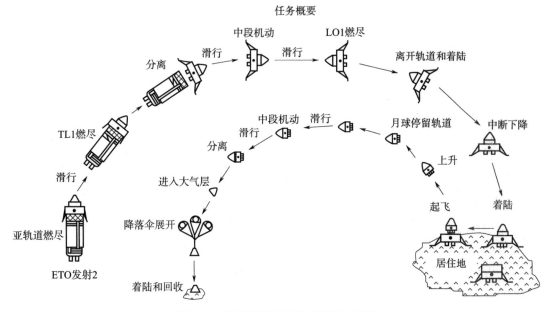

图 5－4　探月着陆和返回过程的示意图

5.3.1　权衡过程

(1) 准备阶段

①**确定总目标**

开发一个空间运输系统运送 4 个航天员及其所需要的居住设施到月球。航天员在月球表面停留 45 天。居住设施和航天员分别由两个运载器运送。

②**确定具体目标**

确定了 11 个具体目标和约束，这些具体目标和约束将用来对设计方案进行权衡分析。

③**制定概念方案的可选范围**

提出了推进系统 5 个方面的可选项。这 5 个方面是级的配置、推进剂的馈送、氧化剂、燃烧剂以及通用系统。这 5 个方面可选项组合的数目是 3×4×5×6×5＝1 800。

④**提出了筛选预选方案的原则**

为了减少权衡评价的工作量，提出了 6 个筛选原则。

⑤**确定了 14 个待选设计方案**

确定了 14 个待选设计方案，并且分别给出了它们的返回器和着陆器的设计参数。

(2) 确定各层次的准则和属性

各层次的准则和属性分解如图 5－5 所示。

1) 第 0 个层次是该项目的目标。

2) 第 1 个层次是将项目的目标分解成成本、工期、性能和风险 4 个方面的 7 个准则。

3) 第 2 个层次：这 7 个准则又被分解成第 2 个层次的 24 个子准则。可以发现，在这

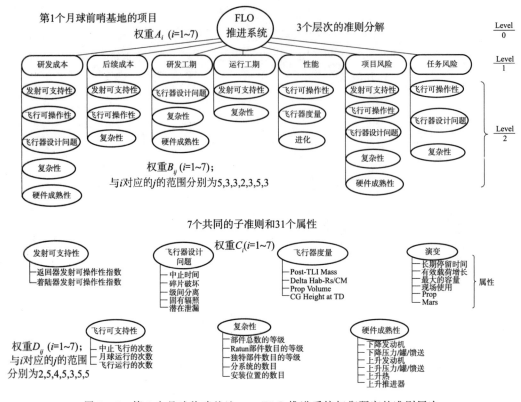

图 5-5　第 1 个月球前哨基地——FLO 推进系统权衡研究的准则层次

7 个准则中分解出来的子准则有一些重复。例如发射可支持性就分别出现在研发（即设计—开发—测试和评估，DDT&E）成本、后续成本、运行工期和项目风险中。

4）共同的子准则：这 24 个子准则可以归纳成 7 个共同的子准则。7 个共同的子准则又分成了 31 个属性。这 31 个属性都是可以度量的，最终用它们对 14 个预选设计方案进行权衡分析。例如发射可支持性这个子准则可以分解成两个属性，它们是：

a）ASC LOI——返回器发射可操作性指数（Launch Operability Index，LOI）。

b）ESC LOI——着陆器发射可操作性指数。

NASA 定义了发射可操作性指数，并给出了它的计算方法。它可以被概念设计者用来比较不同的推进系统的设计。

图 5-5 中在准则多个层次上都出现了权重。在第 1 个层次上出现的权重 A_i 分别是 7 个准则的权重。在第 2 个层次上出现的权重 B_{ij} 分别是 7 个准则下的子准则的权重。权重 C_i 表示的是 7 个共同子准则的权重。权重 D_{ij} 表示 7 个共同子准则下的属性的权重。

子属性是用来评价方案的最终准则。这里以运载器残骸引起破坏子属性为例，来说明如何求得子属性权重的方法。运载器碎片的破坏性属于运载器设计问题共同准则。在图 5-5 中注意到，运载器设计问题子属性分别在 4 个子准则中出现。运载器残骸引起破坏子属性的计算方法为

$$W_{\text{碎片}} = D_{22}C_2(B_{13}A_1 + B_{31}A_3 + B_{63}A_6 + B_{72}A_7)$$

(3) 计算第 1 个层次的准则的权重 A_i

第 1 个层次共有 7 个准则利用 AHP 方法在评价矩阵中进行了相对重要性的两两比较。其具体的过程与在 5.1 节中的内容是相同的。第 1 个层次的准则成对比较的矩阵如图 5-6 所示，第 1 个层次的准则成对比较后得到的权重如图 5-7 所示。

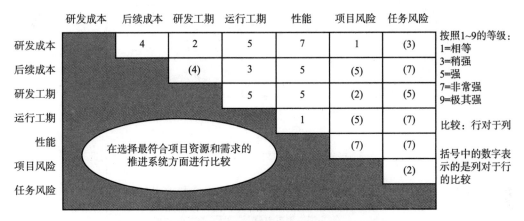

图 5-6　第 1 个层次的准则成对比较的矩阵

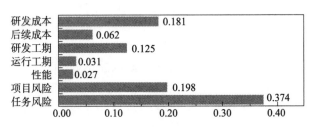

图 5-7　第 1 个层次的准则成对比较后得到的权重

(4) 计算第 2 个层次的子准则的权重 B_{ij}

分别计算第 2 个层次子准则在所对应的第 1 个层次准则中的权重。在第 1 个层次的 7 个准则之下，分别有 2~5 个子准则。现在要计算这些子准则对于所在的第 1 个层次的准则的权重。下面只给出设计、开发、测试和评估（DDT&E）成本准则下的 5 个子准则成对比较的矩阵和结果，如图 5-8 所示。采用的 AHP 方法也是先进行矩阵的两两比较，然后计算出它们的权重，如图 5-9 所示。其具体的过程与在 5.1 节中的内容是相同的。

(5) 计算 7 个共同子准则的综合权重

前面计算了第 2 个层次中的子准则对于所在的第 1 个层次准则的权重，现在要计算从这些子准则归纳出来的 7 个共同子准则的综合权重。因为这 7 个共同子准则要分别出现在第 1 个层次中的 7 个准则中，所以这 7 个共同子准则对评价的作用不仅要考虑自己对所在准则中的权重 C_i，而且要考虑它多次出现在第 1 个层次中的某些准则的权重。下面给出一个子准则计算综合权重的例子，其他子准则综合权重的计算方法与此相同。

例如运载器设计问题（VDI）出现在第 1 个层次的 4 个准则中。这 4 个准则分别是

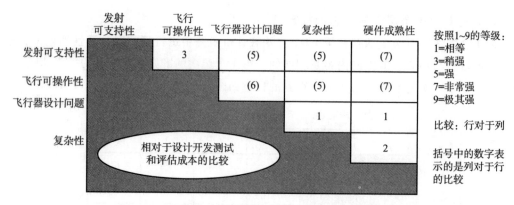

图 5-8　DDT&E 成本准则下的子准则成对比较的矩阵

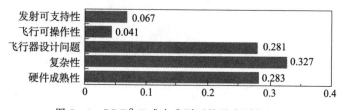

图 5-9　DDT&E 成本准则下的子准则的权重

DDT&E 成本、DDT&E 工期、项目风险和任务风险。

　　VDI 的综合权重＝VDI 在 DDT&E 成本中的权重×DDT&E 成本的权重＋VDI 在 DDT&E 工期中的权重× DDT&E 工期的权重＋VDI 在项目风险中的权重×项目风险的权重＋VDI 在任务风险中的权重×任务风险的权重＝0.281×0.181＋0.195×0.125＋0.101×0.198＋0.091×0.374＝ 0.129。

　　图 5-10 给出了 7 个共同子准则的综合权重。它们将用来对待选方案进行评价。

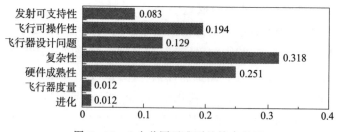

图 5-10　7 个共同子准则的综合权重

　　计算 7 个共同子准则下面的 31 个属性的综合权重。这个工作分两步进行。第 1 步，采用 AHP 方法对各个子准则中的属性进行成对比较，得到它们在各个子准则中的相对权重 D_{ij}。第 2 步，利用各个属性在子准则中的权重以及该子准则的综合权重求得每个属性的综合权重。每个属性的综合权重就是这两个权重的乘积。

5.3.2　对 14 个备选设计方案进行权衡分析

按照 AHP 方法采用计算出来综合权重的 31 个属性对 14 个推进系统的备选设计方案进行权衡分析，得到了它们的优先级得分和排列的顺序，见表 5 - 11。具体方法见 5.1 节第 2 阶段对方案的评价。

表 5 - 11　14 个预选方案的权衡排序

方案代号	返回器的描述	返回器的加压方法	着陆器的描述	合计
4	最佳 $N_2O_4/M20$	加压	基线 LO_2/LH_2	0.756
1	基线 N_2O_4/MMH	加压	基线 LO_2/LH_2	0.739
11	* ClF_5 on 双级	加压	ClF_5 压力	0.733
3	ClF_5/N_2H_4	加压	基线 LO_2/LH_2	0.693
2	LO_2/N_2H_4	加压	基线 LO_2/LH_2	0.653
14	* IME LO_2/LH_2 Stage 1 - 1/2	压力泵	IME Stage 1 - 1/2	0.595
5	** LO_2/CH_4	加压	基线 LO_2/LH_2	0.580
13	LO_2/LH_2	加压	基线 LO_2/LH_2	0.552
9	LO_2/LH_2 单级	压力泵	Single	0.515
10	RL 10 LO_2/LH_2 Stage 1 - 1/2	压力泵	RL 10 Stage 1 - 1/2	0.481
6	N_2O_4/MMH 压力泵	压力泵	基线 LO_2/LH_2	0.436
12	* IME LO_2/LH_2 双级	压力泵	IME LO_2/LH_2	0.420
8	LO_2/LH_2 压力泵	压力泵	基线 LO_2/LH_2	0.407
7	LO_2/LH_2 压力泵	压力泵	基线 LO_2/LH_2	0.350

* 对于满足 1999 年的发射具有高的项目风险。

** 不能满足 TL1 质量需求。

参 考 文 献

[1] 2011 Review of the main developments in the Analytic Hierarchy Process.

[2] 2008 Analytical Hierarchy Process（AHP）Module，NASA Space Systems Engineering，version 1.0.

[3] 2019 Sensitivity Analysis Method to Address User Disparities in the Analytic Hierarchy Process.

[4] 2017 NASA – in Space Propulsion Assessment Processes and Criteria for Affordable Systems.

[5] 2015 Trade Study and Analysis for a Deployable Drag Device for Launch Vehicle Upper Stage Deorbit.

[6] 2013 Disruptive technologies for space Power and Propulsion.

[7] 2012 System Analysis & Evaluation of Greenhouse Modules within Moon/Mars Habitats.

[8] 2011 ESAS – Derived Earth Departure Stage Design for Human Mars Exploration.

[9] 2011 Probabilistic AHP and TOPSIS for Multi – Attribute Decision – Making under Uncertainty.

[10] 2009 – Minimum Functionality Lunar Habitation Element.

[11] 2009 Human Exploration of Mars Design Reference Architecture 5.0 Addendum ♯2.

[12] 2007 From Mission Objectives to Design: An Efficient Framework for Downselection in Robotic Space Exploration.

[13] 2007 The Gryphon: A Flexible Lunar Lander Design to Support a Semi – Permanent Lunar Outpost.

[14] 2005 Process for Selecting System Level Assessments for Human System Technologies.

[15] 2003 Mission to Mars: How to get people there and back with Nuclear Energy.

[16] 1993 Lunar Lander and Return Propulsion System Trade Study.

第 6 章　QFD 方法

6.1　QFD 方法介绍

> **方法名称**：质量功能部署（Quality Function Deployment，QFD）；
>
> **提出的时间**：20 世纪 70 年代中期；
>
> **提出的机构或个人**：日本三菱神户造船厂 Akao 等人；
>
> **主要应用领域**：应用领域广泛。在应用于航天任务的概念评价时，采用的是它的一种扩展形式；
>
> **主要作用**：概念评价。在本书讨论的范围内，它的作用是对预选方案的优先性进行排序；
>
> **评价原理**：确定用户需求与权重，确定技术需求满足用户需求的加权得分，最后获得任务预选方案满足技术需求的加权得分；
>
> **是否需要其他方法配合使用**：可能需要 AHP 方法；
>
> **所需要的系统模型和工具支持**：实现 AHP 概念评价的方法可以采用 Excel 的模板，网上可以找到多种基于 Excel 的 QFD 工具，但是 QFD 有多种应用场景，矩阵的组成也有多个变种，所以要选择能满足自己需求的模板，采用通用的绘图工具 Edraw，也可以绘制自己所需要的 AHP 矩阵；
>
> **掌握的难度**：比较小；
>
> **特点**：方法比较简单。

在传统的应用领域中，QFD 是一种将用户的定性需求转化为定量参数，将形成质量的功能进行部署，并将实现设计质量的方法部署到子系统和零部件，并最终部署到制造过程的特定元素的方法。在实践中，它可以转化为其他形式，发挥不同的作用。这里就是将它的形式做一些适当的修改，应用于空间任务的概念评价中。它的表现形式类似于矩阵的质量屋。

评价的基本任务是了解客户对待选方案的需求，确定一些满足这些需求的待选方案，然后用这些需求来评价待选方案中的最佳方案。这里有两个方面的问题需要考虑：一方面是，客户的需求对于待选方案的评价具有不同的重要性，所以要确定客户需求的相对重要性，以便于下面的评价；另一方面，客户的需求是用客户的语言描述的，它们比较宏观、定性，而评价待选方案需要的是可以度量的一些准则。所以在客户需求与待选方案之间要有一个过渡，这个过渡就是技术需求。技术需求是直接用来满足用户需求的，而待选方案又是直接用来满足技术需求的。

　　QFD 的基本功能就是通过一个矩阵将 WHAT（什么）和 HOW（如何）联系起来，考察 HOW 满足 WHAT 的程度。可以把 WHAT 看作客户要求或者目标，它被分解成一些子要求或者子目标。而把 HOW 看作技术能力或者是实现目标的方法，它将用客户语言表达的目标转化成技术人员可以理解的若干项技术方法或者技术指标。然后分析各项方法满足各个子目标的程度，并按照满足程度打分。

　　因为客户的要求或者目标具有不同的重要性，在计算各项方法满足各个子目标程度的时候，要对重要的目标给予更多的重视，即需要对目标进行不同的加权，所以在开展分析之前应该分析计算各个子目标的权重（即相对重要性）。一个方案满足总目标的总分就是它满足各个子目标的得分乘以各个子目标的权重，然后求和而得到的。

　　图 6-1 是 QFD 的一个基本矩阵，即质量屋（House of Quality），它由 6 个部分组成。第 1 部分是根据任务的总目标分解成若干个子目标。第 2 部分是各个子目标的权重，可以采用 AHP 方法通过成对比较法获得。第 3 部分是确定实现总目标的若干个技术方法。第 4 部分是对技术方法对子目标的满足程度的打分。第 5 部分是获取各个技术方法对总目标的满足程度的打分，它们是通过计算获得的。第 6 部分是技术方法之间的兼容性。通常 QFD 的过程是通过 Excel 表单的模板进行数据采集和运算的。

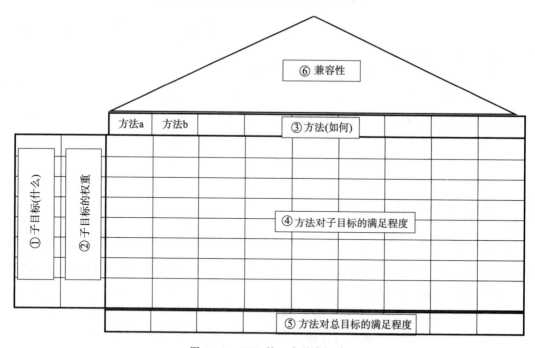

图 6-1　QFD 的一个基本矩阵

　　前面已经提到 QFD 的评价方法需要采用用户要求—技术需求—预选方案两个步骤来完成，所以 QFD 的基本矩阵还不能直接完成对预选方案的评价，但是 QFD 方法的特点之一就是它可以迭代进行操作。一个 QFD 分析完毕以后，它的方法及其权重可以作为下一个 QFD 分析的目标和目标的权重。这个特点可用来开展技术方案权衡评价，技术方案的权衡评价是比较技术方案满足客户要求的程度，从而选出最能满足客户需求的技术方案。

但是技术方案无法直接对标客户需求，需要将技术方案分解成技术能力或者技术需求，再将技术需求对标客户需求，然后技术方案再对标技术需求。这种权衡评价的要求正好可以借助于 QFD 的迭代特点进行。

现在看一下客户需求和技术需求的一些例子，它们将出现在下面要给出的行星水循环系统权衡研究中。

客户需求包括：高的水恢复能力，操作简单，材料资源的低消耗等。这些是用客户语言描述的需求，技术方案难以直接检查是否满足这些需求的程度。

技术需求包括：航天员的操作时间，规模可缩放性，平均故障间隔时间等。这些是用设计者的语言描述的技术需求，它一方面反映了对客户需求的响应，另一方面它是可以用预选方案进行检查和验证的。

图 6-2 表示了 QFD 矩阵的迭代关系，这里有两个 QFD 矩阵。第 1 个矩阵的输出成为第 2 个矩阵的输入。这里迭代的目的是第 1 个矩阵分析的是用一套方法 1 来满足一套目标 1 的相对程度，第 2 个矩阵是将方法 1 作为它的目标 2，分析另外一套方法 2 来满足目标 2 的相对程度。

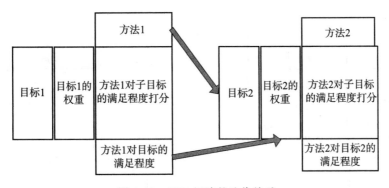

图 6-2　QFD 矩阵的迭代关系

现在把两个迭代的矩阵连接在一起。图 6-3（a）表示的是将 QFD 的两次迭代过程集成在一起的矩阵，即将第 2 个 QFD 矩阵接在第 1 个 QFD 矩阵的下方连续分析和运算。图 6-3（b）是这种集成起来的两个矩阵的运算用于技术方案的情况。两个矩阵的结构完全相同，只不过在第 2 个矩阵中，将第 1 个矩阵中的通用描述变成了技术方案选择中的描述。在完成了技术需求对于客户需求的重要性评价以后，接着开展技术方案对于技术需求的重要性评价，即技术方案对于技术需求的满足程度。矩阵中客户需求的权重，可由客户直接给出或者采用 AHP 方法分析后得到。QFD 权衡矩阵的打分可以采用 1、3、9 等数值，分别代表不重要、比较重要和十分重要。采用这种数值的原因是强调高重要性的作用。

为了更好地理解图 6-3（b）中的使用方法，可以把它分成两个图和两个操作。如图 6-4 所示，图（a）是原图的上面一部分的截图，图（b）是将原图中与第 2 步操作无关的第 2 行的 3 个子图剪裁掉形成的矩阵。这两个矩阵在形式上有些差距，但实际上可以完成相同功能的操作。从形式上来说，图（b）的矩阵是图（a）的矩阵顺时针旋转 90°以后，再将左右两个子矩阵对调而成的。

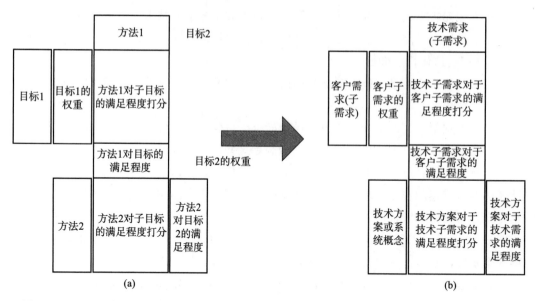

图 6-3　QFD 两次迭代矩阵的集成。图（a）沿用原来的术语，图（b）采用了方案评价中的术语

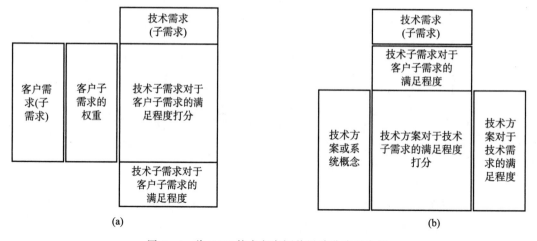

图 6-4　将 QFD 技术方案评价矩阵分成两个图

6.2　航天应用案例（8 个）

下面是 QFD 方法在航天任务中应用的例子，按照论文发表的时间顺序排列：

（1）文献题目：空间科学与技术合作论坛：对合作演示高优先级空间装配技术的分析

作者单位：NASA 兰利研究中心等单位；

发表时间：2019 年；

所属领域：深空探索；

分析对象：对提出来的 46 个空间装配能力要求进行优化后，形成了 20 个能力要求。对包括国际空间站在内的 5 个备选的演示平台进行了评价。

（2）文献题目：行星水循环系统权衡研究

作者单位：NASA 艾姆斯研究中心和圣何塞州立大学；

发表时间：2019 年；

所属领域：行星探索；

分析对象：为美国行星探索任务提供 4 个航天员、生活 3 年所需要的水循环系统的技术方案。调查了 24 个技术方案，初步筛选出了 18 个，通过权衡选择了 5 个方案，供进一步分析评价。

（3）文献题目：用于复杂结构的空间装配的高影响力技术

作者单位：NASA 兰利研究中心；

发表时间：2016 年；

所属领域：深空探索；

分析对象：13 个高优先级的空间参考任务（如商业性的空间站）、17 项空间装配能力（如装配高刚度结构的能力）、30 项空间装配技术（如有监督的、自主性的机器人装配）。

（4）文献题目：NASA 空间技术路线图和优先性：恢复 NASA 的技术优势，为空间的新纪元铺平道路

作者单位：美国国家科学研究委员会；

发表时间：2012 年；

所属领域：技术发展规划；

分析对象：对美国 NASA 于 2010 年制定的美国空间技术路线图中的 295 个技术进行分析，得到了 83 个高优先级发展的技术和 30 个重大挑战的技术。

注：2015 年，美国 NASA 修改了它的空间技术路线图，美国国家科学研究委员会采用 QFD 又重新评价了优先发展的技术。分析结果发表在美国空间技术路线图和优先性修订版的报告中（NASA Space Technology Roadmaps and Priorities Revisited）。

（5）文献题目：月球和火星的使能技术分析

作者单位：比利时、荷兰、爱尔兰、美国和法国的大学和公司；

发表时间：2003 年；

所属领域：行星探索；

分析对象：提出了月球和火星探测任务的 7 种任务场景，对 11 大类（如推进、发射）、25 个小类（如电推进、化学推进）的使能技术对于这 7 种任务场景的重要性进行了评价。

（6）文献题目：重新设计的固体火箭发动机的水清洁剂的 QFD 分析

作者单位：美国 Thiokol 公司；

发表时间：1999 年；

所属领域：运载火箭；

分析对象：重新设计的固体火箭发动机的水清洁剂。

（7）文献题目：QFD 应用于高可重用的空间运输系统

作者单位：NASA 肯尼迪航天中心；

发表时间：1997 年；

所属领域：空间运输系统；

分析对象：高可重用空间运输系统的技术特性。

（8）文献题目：汇合、近距离操作和捕获——QFD 报告

作者单位：NASA 约翰逊航天中心；

发表时间：1991 年；

所属领域：卫星；

分析对象：空间飞行器的汇合、近距离操作和捕获的技术解决方案。

6.3　航天应用案例研究：行星水循环系统权衡研究

> **文献题目：** 行星水循环系统权衡研究；
>
> **作者单位：** NASA 艾姆斯研究中心和圣何塞州立大学；
>
> **发表时间：** 2019 年；
>
> **分析对象：** 为美国行星探索任务提供 4 个航天员、生活 3 年所需要的水循环系统的技术方案；
>
> **权衡结果：** 调查了 24 个技术方案，初步筛选出了 18 个，通过权衡选择了 5 个方案，供进一步分析评价。

以下给出了各步骤要完成的任务：

（1）向客户调查对待开发的系统的客户需求及其权重

表 6-1 列出了 21 个与待开发客户需求有关的问题，请客户按照重要性在 1～9 的范围内进行打分（9 最重要）。研究团队对多个客户答卷中的打分进行平均处理得到待开发系统客户需求的权重。

表 6-1　向客户调查的问题及其平均权重

问题	均值（0～9）
批处理系统的使用	3.5
连续水流系统	3.5
可能存在缩放误差	7
处理变化的反馈	7
开发风险	5
从副产品获取能量再生	1
处理固体物的能力	6

续表

问题	均值(0~9)
强大的水再生能力	7.75
低能耗	5
对材料的低消耗	7.25
系统的高置信度	8.5
低维护需求	7
操作简单	7.75
安全性	6.5
低成本	3.75
再生水不可饮用的风险	6.25
技术成熟度至少达到 5 级	5
规模扩大的能力	5.75
重力的使用	4.5
单个技术系统	3.5
快速启动时间	3.75

（2）对水循环系统方案进行调查和分析

通过文献调研和其他方式的调研收集可能用于行星空间任务的水循环技术。从 24 个技术中选取了 18 项技术方案用于下面的评价分析计算。

（3）确定待开发系统的功能需求及技术方案符合这些功能需求程度的级别

功能需求是将客户需求转化成可以对技术方案进行量化评价的准则。研发团队共归纳了 8 个功能需求，并且评价了 18 个技术方案符合这 8 项功能需求程度的级别。级别的划分分成 4 级、5 级和 9 级，级别越高越接近于顾客的需求。以下是这 8 个功能需求：

1）**等价系统质量（ESM）**：分成 9 级进行评定。

ESM 是 NASA 提出来的一种方法，它可以用来度量任何系统和它们的部件所需要的整体发射质量，涵盖了系统的质量、体积及能耗。ESM 的值分成 9 个级别，第 1 级的 ESM 值最大，第 9 级的 ESM 值最小。对于满足客户需求而言，ESM 值越小越好。研究团队计算了这 18 项技术方案的 ESM 值。

2）**技术成熟度（TRL）**：分成 9 级进行评定。

研发者在制定系统方案时要选择各种技术。这些技术有的处于原理研究阶段，有的处于技术攻关阶段，有的已经经过实际应用的验证。这种处于不同成熟程度的技术应用于项目中带来不同程度的风险和困难。NASA 为了评估用于项目的技术成熟的程度，制定了技术成熟度的 9 个级别。第 1 级的级别最低，属于原理探索阶段。第 9 级的级别最高，属于已经投入实际应用阶段。该研究团队分别评估了这 18 项技术方案的技术成熟度。评估结果表明，这些技术的成熟度绝大多数都已经达到了 6 级，也就是通过了技术攻关阶段的考验。如果应用到项目中，其技术风险和开发成本都比较低。

3）**规模可缩放性**：分成 4 级进行评定。

因为这些待选择方案原来的目标是朝向不同市场的，有的面向个人小规模应用，有的面向大规模应用。行星空间任务需要的是可根据不同航天员的人数，其规模可以缩放的循环水技术。研发团队制定了规模可缩放的 4 个级别，对待选择的技术方案进行了评价。

4）**平均故障间隔时间（MTBF）**：分成 5 级进行评定。

系统是否经常发生故障是影响系统服务质量的一个重要因素。研究团队使用平均故障间隔时间来度量系统的可靠性，他们将平均故障间隔时间的指标分成 5 个级别并对待选择的技术方案进行了评价。

5）**系统的启动时间**：分成 5 级进行评定。

不同技术方案实现的系统在启动后需要不同的时间才能向航天员提供用水，少则需要一天，多则需要十几天或几十天。项目研发者将待选择的技术方案的系统启动时间分成 5 级进行评价。

6）**航天员的操作时间**：分成 5 级进行评定。

7）**物流补给的风险**：分成 5 级进行评定。

在上述计算 ESM 的过程中，各个待选择技术方案的物流补给的需求值有不同的来源。例如国际空间站的数据来自于飞行数据统计，有的系统的数据来自于实验室的试验。这些数据的不准确性和随着项目开发发生的变化是研发者需要考虑的风险。研发者根据数据的不同来源，将物流补给的风险分成 5 类，并对待选择的技术方案进行了评价。

8）**可维护性**：研发者根据系统需要航天员进行检查诊断的间隔时间，将可维护性分成 5 级，并对待选择的技术方案进行了评价。

（4）使用 QFD 图形化的矩阵对水循环系统方案进行具体评价

下面介绍评价的具体步骤。参见图 6 - 5 行星水循环系统方案评价的 QFD 矩阵。NASA 团队使用的是一种通用的基于 Excel 工具，所以图中的表头部分和表达方式都沿用了原有的规定，一些数据的转换计算都嵌入在 Excel 模板中，标号与下面具体步骤的顺序号是一致的。

1）将 21 个客户需求填入图中的①处。

2）将客户重要性填入图中的②处。

3）将 8 个功能需求（即可量化的评价判据）填入图中的③处。

4）在图中的④处填入 8 个功能需求之间的相关性。相关性分成正相关、负相关和不相关 3 种，分别用＋、－和空格表示。

5）在图中的⑤处分别填入功能需求对于客户需求的重要性。重要性分成不重要、一般重要和很重要 3 种，分别用▽、○、●符号表示，它们代表的数值是 1、3、9。填写的依据是本书第 47 页中的"（3）确定待开发系统的功能需求及技术方案符合这些功能需求程度的级别"。

6）在图中的⑥处采用嵌入在 Excel 中的运算公式，分别得到了功能需求的技术重要性得分 TR_j 以及相对权重 WT_j。技术重要性得分的计算方法是，功能需求的评分 F_{ij} 分别乘以所对应的客户重要性 WC_i，然后对这些乘积结果求和。

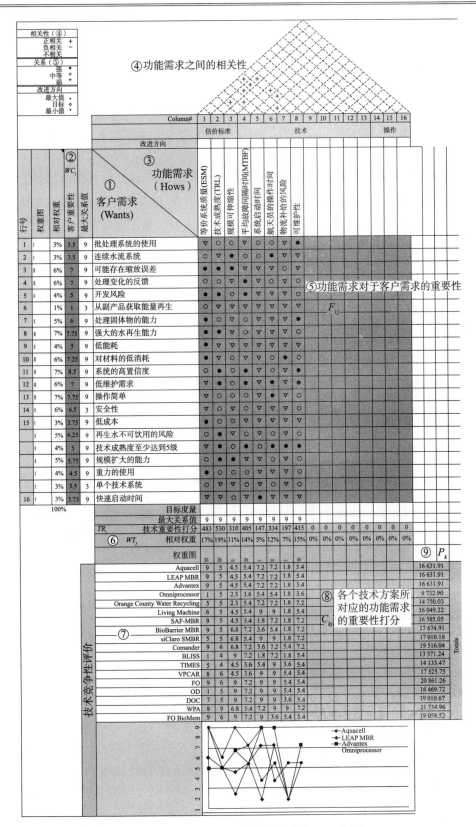

图 6-5　行星水循环系统方案评价的 QFD 矩阵

$$TR_j = \sum_{i=1}^{21} WC_i \cdot F_{ij}$$

相对权重 WT_j 是重要性评级得分的归一化结果。

7) 在图中的⑦处填入 18 个技术方案。

8) 在图中的⑧处分别填入各个技术方案所对应的功能需求的重要性打分 C_{kj}。 其来源是本书第 47 页中的 "（3）确定待开发系统的功能需求及技术方案符合这些功能需求程度的级别"。

9) 在图中的⑨处采用嵌入在 Excel 中的运算公式自动计算，分别得到了各个技术方案对于客户的需求满足程度的总分 P_k。 这些总分的计算方法是，各个技术方案所对应的功能需求的重要性得分 C_{kj} 分别乘以所对应的功能需求的重要性评级得分 TR_j，然后对这些乘积结果求和。

$$P_k = \sum_{j=1}^{21} TR_j \cdot C_{kj}$$

图 6-6 所示为 18 个技术方案的最后得分。其中，不同条纹代表了 8 个功能需求在得分中的比例。

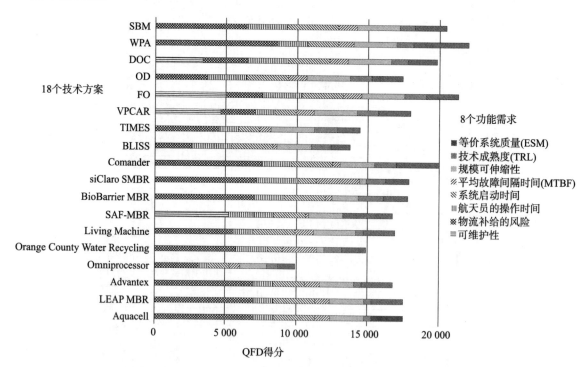

图 6-6　18 个技术方案的最后得分

灵敏度分析是对图 6-6 中所示的哪些功能需求在权衡中的影响最大进行分析。分析结果表明，ESM、规模可伸缩性和 MTBF 参数对技术方案最终排名的影响最大。其中，ESM 最具有影响作用。分析还表明，任务的持续时间如果从 3 年变成 6 年并不会影响方案的胜出者。

参 考 文 献

［1］ 2011 Review of the main developments in the Analytic Hierarchy Process.

［2］ 2012 How to do AHP analysis in Excel.

［3］ 2007 From Mission Objectives to Design: An Efficient Framework for Downselection in Robotic Space Exploration.

［4］ 2019 Sensitivity Analysis Method to Address User Disparities in the Analytichierarchy Process.

［5］ 2019 Space Science and Technology Partnership Forum: Analysis for a Joint Demonstration of High Priority, In‐Space Assembly Technology.

［6］ 2019 Planetary Water Recycling Systems Trade Study.

［7］ 2016 High Leverage Technologies for In‐Space Assembly of Complex Structures.

［8］ 2012 NASA Space Technology Roadmaps and Priorities: Restoring NASA's Technological Edge and Paving the Way for a New Era in Space.

［9］ 2003 Moon and Mars Enabling Technologies Analysis.

［10］ 1999 QFD Analysis of RSRM Aqueous Cleaners.

［11］ 1997 A Quality Function Deployment Method Applied to Highly Reusable Space Transportation.

［12］ 1991 Rendezvous, Proximity Operations and Capture: Quality Function Deployment Report.

第7章 K-T方法

7.1 K-T方法介绍

方法名称：Kepner - Tregoe（开普纳-特雷戈）方法，简称为 K - T 方法；

提出的时间：20 世纪 50 年代提出，1965 年出版了介绍此方法的专著；

提出的机构或个人：Kepner 和 Tregoe；

主要应用领域：通用；

主要作用：概念评价，评价预选方案的优先性排序；

评价原理：采用入选准则进行初步筛选，然后采用优选准则和风险分析来对方案进行综合评价；

所需要的系统模型和工具支持：手工绘制计算评价表或者采用模板，Smartsheet 提供支持方法的模板；

掌握的难度：难度较小；

特点：方法简单。

决策分析包括以下活动：

（1）陈述决策要求

决策要求的陈述不仅要阐明决策的目的，还要阐明决策的层次。从某种意义上讲，决策的陈述是以前进行决策的产物。

（2）开发决策目标并且将决策目标分解成入选准则（MUSTs）和优选准则（WANTs）

决策目标是判断待选方案符合用户要求的主要准则。这些准则分成入选准则和优选准则两类，入选准则是待选目标必须满足的准则，通过这类准则可以筛选掉一些明显不符合要求的待选方案。将符合这类准则的待选方案进行进一步的权衡比较，对它回应的陈述方式是"是或非"的选择，即被评价的待选方案要通过"是"和"非"来回答。

优选准则是希望待选方案满足的准则，这类准则是对通过入选准则的待选方案进行区分的重要准则，判断哪个或者哪些待选方案最能够符合客户的要求。对它回应的陈述方式是程度上的判断，待选方案要通过在多大程度上满足这些准则来回答。

入选准则和优选准则通常包括以下几个方面的要求：

1）**科学目标方面的要求**：例如要达到的火星探索科学目标。

2）**技术方面的要求**：例如在初步设计评审前达到技术成熟度 5 级。

3）**工期方面的要求**：例如在某个时间前满足发射的要求。

4) **成本方面的要求**：例如可能的目标成本。

入选准则：对所有的方案进行初步筛选，实行一票否决的原则。

优选准则：对通过了入选准则的方案进行进一步的比较。

(3) 对优选准则进行加权

在入选准则中，每一个准则的重要性是同等重要的，即一票否定。与入选准则不一样，各个优选准则的重要性是不同的，对方案选择的影响也不一样，所以在使用优选准则之前要确定它们的不同权重。权重的表达方式既可以是 1～10 之间的数字，也可以是十分重要、比较重要、有些重要和不重要等方式。

(4) 产生待选方案

决策团队通过前期调研选择一批可能满足决策者要求的待选方案，收集和分析这些待选方案的详细情况，以便于参与评价。

(5) 通过入选准则筛选预选方案

根据入选准则预选方案进行评价。每个预选方案针对每个入选准则回答"符合"或者"不符合"。如果某个方案其中一项或者多项准则不符合，则该方案被视为不合格，不进入下阶段的评价。

(6) 根据优选准则比较已入选的方案

通过了初步筛选的入选方案根据优选准则进行区分性评价，以区分哪个方案或者哪几个方案最符合决策者的要求。评价时每个方案针对每个优选准则进行打分。打分的方式既可以是定量的（如在 1～10 范围内取值），也可以是定性的（如最好、很好、比较好、一般）。对入选方案在优选评价阶段的总体评价有两种方式：一种方式是将每个方案对每个优选准则的打分乘以所对应的优选准则的权重，然后求和。其中总分最高的就是最佳的方案；另一种方式是决策者根据每个预选方案的打分及优选准则的权重直观地、定性地对预选方案进行评价。这两种评价方法的结果并不是最终结果，决策者还要通过下一阶段的风险评估最后选择一个或者多个预选方案成为评价的优胜者。

(7) 进行风险分析

通过前面的评价，决策者基本上获得了那些入选方案比较好的信息。但是直接选择这些入选方案可能还潜在着一些不良后果，还需要进行风险分析，以防止发生不良后果，并通过这种分析进一步地拉开预选方案之间的距离。在拟定风险分析的准则时需要考虑以下几个问题：

1) 预选方案虽然已经通过了入选准则，但是这种通过是否只是刚刚达到入选准则的要求？这种情况会给决策带来什么样的后果？

2) 预选方案所提供的信息在什么情况下是无效的？

3) 如果选择了这种预选方案，它在短期和长期会产生什么问题？

在对每个预选方案进行风险分析时，需要对该方案发生这种风险的可能性和后果的严重性分别进行评估。

(8) 做出最后的选择

根据上述 3 种评价，即入选评价、优选评价和风险分析进行综合考虑，选出一种或者多种预选方案作为评价结果，供决策者或其他人进一步分析和使用。

不同的机构或者项目对于实际使用的决策分析工作单可能有一些小的差别，如在优选评价中权重的表达方式，实际得分的表达方式，是否给出各入选方案在优选阶段中的总分。另外，在风险分析中，风险发生的可能性和风险发生后果的取值可以分成高、中、低 3 档，也可以分成 1、2、3、4 等 4 档。得到的对预选方案的最终评价结果可能是一种方案，也可能是多种方案。

下面是一个决策分析工作单的例子，这个例子包括 3 个方案选项、3 个入选准则和 3 个优选准则。表 7-1 已经给出了决策者的打分情况。由于选项 3 对第 3 项入选准则不合格，它就丧失了继续评价的资格。优选准则的权重取其总和为 100% 的百分数方式。计算各个选项的实际得分，与各个准则的权重相乘，然后求和，作为各个预选方案在优选阶段的总分。

在风险分析的评估中，风险发生的可能性和风险发生的后果都采用了高、中、低 3 档的形式。

表 7-1　K-T 方法评价表

			选项 1		选项 2		选项 3	
	选项描述							
入选准则	M1		√		√		√	
	M2		√		√		√	
	M3		√		√		×	
优选准则	准则	权重						
	W1	W1%	实际得分		实际得分			
	W2	W2%	实际得分		实际得分			
	W3	W3%	实际得分		实际得分			
	100%	加权和	得分 1		得分 2			
风险分析	后果严重性		发生可能性	后果严重性	发生可能性	后果严重性		
	风险 1		M	L	M	L		
	风险 2		H	H	M	M		
最后决策								

7.2　航天应用案例 (9 个)

下面是 K-T 方法在航天任务中应用的例子，按照论文发表的时间顺序排列。

(1) 文献题目：Lynx　X 射线天文台综述

作者单位：NASA 马歇尔航天飞行中心等十几个机构；

发表时间：2019 年；

所属领域：深空探测；

分析对象：提出了 3 个镜面备选方案，采用 8 个入选准则和 18 个优选准则进行权衡。

注：类似的论文还有：

- 2018 年 Lynx 镜面体系结构权衡——对 Lynx 科技定义团队主席的建议

Lynx Mirror Architecture Trade —— Recommendation to Lynx STDT Chairs

- 2019 年 X 射线天文台：概念研究报告

Lynx X - Ray Observatory：Concept study report

（2）文献题目：宜居太阳系外行星天文台

作者单位：JPL；

发表时间：2018 年；

所属领域：深空探测；

分析对象：提出了 9 个备选方案，采用 5 个入选准则和 17 个优选准则进行权衡。

（3）文献题目：空间装配望远镜研究

作者单位：JPL；

发表时间：2018 年；

所属领域：深空探测；

分析对象：提出了 6 个备选方案，采用 5 个入选准则和 7 个优选准则进行权衡。

（4）文献题目：可居住的外行星成像任务

作者单位：MIT、JPL 等单位；

发表时间：2017 年；

所属领域：深空探测；

分析对象：提出了 4 个备选方案，采用 25 个优选准则进行权衡。

（5）文献题目：遮光板成熟工作组向天体物理部主任的建议

作者单位：JPL，MIT，NASA 戈达德航天飞行中心；

发表时间：2016 年；

所属领域：深空探测；

分析对象：对验证关键技术达到技术成熟度 6 级的演示方案进行评价：4 个基本地面演示方案，两个扩展地面演示方案，4 个空间演示方案。提出了评价准则：7 个入选准则，9 个优选准则。评价结果是地面演示方案就可以达到要求。

（6）文献题目：金星高空运行概念：概念证明

作者单位：JPL 等单位；

发表时间：2016 年；

所属领域：行星探测；

分析对象：K - T 决策过程主要用于帮助团队对飞艇折叠、展开和充气的不同方案，以及在飞艇下降时释放减速伞各种组件的过程进行分析评估。

（7）文献题目：用于小行星探索和开发用的微型智能机器人

作者单位：南加州大学和 JPL；

发表时间：2015 年；

所属领域：行星探测；

分析对象：提出了 3 个备选方案，采用 11 个入选准则和 9 个优选准则进行权衡。

（8）文献题目：AFTA 日冕仪工作组向（NASA）天文物理部的建议

作者单位：JPL，NASA 戈达德航天飞行中心；

发表时间：2013 年；

所属领域：深空探测；

分析对象：提出了 6 种日冕仪的方案，采用 5 个入选准则和 3 个优选准则进行权衡。

（9）文献题目：类地行星探测器干涉仪的体系结构权衡研究

作者单位：JPL、美国麻省理工学院、BALL 航空航天技术公司；

发表时间：2005 年；

所属领域：深空探测；

分析对象：提出了 6 种体系结构方案，采用 8 个入选准则和 15 个优选准则进行权衡。

7.3　航天应用案例研究：NASA 外行星探索计划中遮光板的技术成熟验证方案研究

论文名称：遮光板成熟工作组向天体物理部主任的建议；

作者单位：JPL，MIT，NASA 戈达德航天飞行中心；

发表时间：2016 年；

项目背景：该任务是 2014 年提出来的 NASA 外行星探索计划（NASA Exoplanet Exploration Program）中的一部分。该计划的目的是探测其他恒星附近的行星，分析其特性，进一步找到可能有生命居住的行星。由于恒星的耀眼光辉会影响对恒星附近的行星观测，于是设计了 34 m 直径的遮光板来挡住来自恒星的光。如何在投入运行前验证遮光板的有效作用是一个重要的问题。该任务团队采用了技术成熟度（TRL）的概念为投入运行前遮光板的设计和验证进行把关。该论文的目的就是提出遮光板如何从现有的 TRL5 级提高到 TRL6 级的验证方案，TRL6 是新技术得到突破的重要目标；

研究结果：研究团队提出了 3 个基本地面方案、2 个扩展地面方案和 4 个空间演示方案。权衡结果是空间飞行演示是不必要的，基本地面方案可以满足验证的要求。3 个基本地面方案从效果来讲是类似的，它们的区别只是在于属于不同的设计。

图 7-1 表示的是外行星望远镜与遮光板以及恒星、外行星之间的关系。

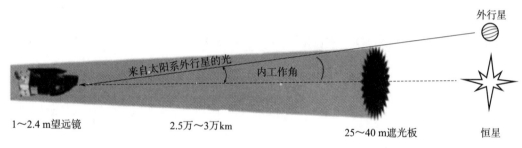

图 7-1　遮光板的原理

权衡步骤如下：

权衡步骤 1：在前面 TRL5 级的研究基础上明确了 3 类共 9 种待选方案。

权衡步骤 2：提出了 7 个必须满足的入选准则（即 MUST），它们包括 4 个技术方面、2 个工期方面和 1 个成本方面的准则。

权衡步骤 3：根据入选准则对预选方案进行评价。打分的方法包括是、否和未知。对于评价中出现的未知现象，研究团队认为这是因为对于大型的任务研究而言缺乏完整的信息，这并不影响对方案入选的判断，所以入选阶段的评价表明 9 个预选方案全部通过，如图 7-2 所示。

权衡说明：建议一个开发策略，使遮光板科学飞行任务成为可能			地面基本型			地面扩展型		空间			
			1a	1b	4a	2c	2d	2a	2b	6a	6b
	Yes　是，或者预期成为可能 U　未知 No　否，或者预期实现尚未形成共识		地面半尺寸验证	与1a相同，交会技术演示	地面全尺寸验证	长基线设备	扩展的荒漠测试 mDOT	mDOT	虚拟空间望远镜	国际空间站部署演示	国际空间站衍射演示
类型			Arenberg	Arenberg	Lisman	Cash/Harness	Warwick	D'Amico	Shah	Warwick	Noecker
	MUSTS										
	技术										
	M1	使 N=3 的关键技术的遮光板 KDP-C 达到技术成熟度 6 级	Yes	Yes	Yes	Yes	Yes	Yes	Yes	Yes	Yes
	M2	与交会 CS 技术要求兼容	Yes	Yes	Yes	Yes	Yes	Yes	Yes	Yes	Yes
	M3	对期望的 HabEx 和 LUVOIR 技术要求进行前向可跟踪	U	U	U	U	U	U	U	U	U
	M4	使批评者相信 KDP-C 可以继续开展遮光板的飞行任务	Yes	Yes	Yes	Yes	Yes	Yes	Yes	Yes	Yes
	工期										
	M7	工期与交会 CS 发射的时间兼容(假定遮光板的交汇 LRD 在 2028 年末进行)	Yes	Yes	Yes	Yes	Yes	Yes	Yes	Yes	Yes
	M8	研发队伍在 2016 年 11 月之前完成建议	Yes	Yes	Yes	Yes	Yes	Yes	Yes	Yes	Yes
	成本										
	M9	技术开发策略的总成本小于生命周期成本的 10%(约为 1 亿美元)	Yes	Yes	Yes	Yes	Yes	Yes	Yes	Yes	Yes

图 7-2　根据入选准则对预选方案进行评价

权衡步骤 4：提出了 9 个优选准则（即 WANT），它们包括 3 个技术方面、2 个工期方面和 2 个成本方面和 2 个项目管理方面的准则，并且给出了这些准则的评价权重：高、中+和中 3 种。这些优选准则对已经通过入选准则的方案进行比较，选出其中最好的方案。

权衡步骤 5：根据优选准则对入选方案进行了评价。打分的方法包括：最好、较好、稍好、一般和未知。从评价情况来看，基本地面方案的 3 个方案表现较好，如图 7-3

所示。

类型		权重	基本地面方案			扩展地面方案		空间演示方案			
			1a	1b	4a	2c	2d	2a	2b	6a	6b
			地面半尺寸验证	与1a相同，交会技术演示	地面全尺寸验证	长基线设备	扩展的荒漠测试mDOT	mDOT	虚拟空间望远镜	国际空间站部署演示	国际空间站衍射演示
			Arenberg	Arenberg	Lisman	Cash/Harness	Warwick	D'Amico	Shah	Warwick	Noecker
	Wants鉴别准则(即优选准则)	权重									
	技术	高									
W1	该策略使N=3的关键技术KDP-C超过技术成熟度6级的相对程度		较好	较好	较好	稍好/较好	稍好/较好	最好	稍好/较好	稍好	稍好
W2	可以增进遮光板的技术		一般	一般	一般	一般	一般	一般	一般	一般	一般
W3	使关键的使能技术数量最少		一般	一般	一般	一般	一般	一般	一般	一般	一般
	工期	一般+									
W4	最早发射		稍好	稍好	最好	稍好	稍好	较好	较好	较好	较好
W5	在关键的中间里程碑超过技术成熟度的关口		稍好/较好	稍好	最好	未知	未知	未知	未知	未知	未知
	成本	一般									
W6	具有最低的技术开发策略的成本		最好	最好	较好	稍好/较好	稍好/较好	较好	较好	较好	较好
W7	对其他项目的推动作用		稍好	稍好	稍好	稍好	稍好	稍好	稍好	最好	最好
	其他/项目方面	一般									
W8	与stmd可能投资的方面最一致		稍好	稍好	稍好	稍好	稍好	最好	最好	稍好	稍好
W9	在科学任务的潜在主要合同中为工业提供最大限度的公平竞争环境		最好	最好	稍好	未知	未知	未知	未知	未知	未知

图 7-3 根据优选准则对预选方案进行评价

权衡步骤6： 开展对方案的风险机会评估，提出了7个风险和2个机会准则。打分的方法是低（L）、中（M）、高（H）和无信息（n/a）。评估结果揭示了方案之间的最大差别。扩展地面方案中出现了中风险，空间演示方案中出现了高风险，如图7-4所示。

类型		基本地面方案			扩展地面方案		空间演示方案			
		1a	1b	4a	2c	2d	2a	2b	6a	6b
		地面半尺寸验证	与1a相同，交会技术演示	地面全尺寸验证	长基线设备	扩展的荒漠测试mDOT	mDOT	虚拟空间望远镜	国际空间站部署演示	国际空间站衍射演示
		Arenberg	Arenberg	Lisman	Cash/Harness	Warwick	D'Amico	Shah	Warwick	Noecker
	风险									
R1	提议的演示将不能按计划发挥作用的风险	L	L	L	L/M	L/M	M	M	M/H	H
R2	所提议的演示结果可能具有高度不确定性或模糊性的风险	L	L	L	M/H	M/H	M	L/M	M	H
R3	如果这个选择取决于另一个任务的发射，我们就有可能因为LRD而延误进度	n/a	n/a	n/a	n/a	n/a	M	M	M	M
R4	成本影响的风险	n/a	n/a	n/a	M	M	n/a	n/a	n/a	n/a
R5	人员的安全风险	L	L	L	L	L	L	L	M	H
R6	对一个特定设计过早肯定的风险	L	L	M						
R7	因为XRCF和遮光罩飞行任务尺寸(75 mm~26 m)之间存在很大的差距，这涉及光学性能的验证，存在着负责的批评人士在技术上不会被说服的风险	L/M		L/M	L/M	L/M	L/M	L/M		L
	机会									
O1	使该项技术可应用到遮光板科学飞行任务之外的任务	L		L	L	L	M/H	M	L	M
O2	在阶段A开始之前，提交一个设计给项目和技术带来的好处	L		M						

图 7-4 对预选方案进行风险评估

权衡步骤 7：综合分析入选、优选和风险评估 3 个阶段的结果，研究团队得到这样的结论：

空间演示是不必要的，基本地面方案可以满足验证的要求。3 个基本地面方案从效果来讲是类似的，它们的区别只是在于属于不同的设计，可以对它们进行进一步的详细分析，以最终确定 TRL 6 级的验证方案。

参 考 文 献

[1] 2012 Survey of Trade Study Methods for Practical Decision – Making.

[2] 2019 Lynx X – Ray Observatory: an overview.

[3] 2018 Habitable Exoplanet Observatory (HabEx).

[4] 2018 In – Space Assembled Telescope (iSAT) Study.

[5] 2017 The Habitable Exoplanet Imaging Mission (HabEx).

[6] 2016 Starshade Readiness Working Group Recommendation to Astrophysics Division Director.

[7] 2016 High Altitude Venus Operational Concept (HAVOC): Proofs of Concept.

[8] 2015 Sub – kilogram Intelligent Tele – robots (SKIT) for Asteroid Exploration and Exploitation.

[9] 2013 AFTA Coronagraph Working Group Recommendation to Astrophysics Division.

[10] 2005 Architecture Trade Study for the Terrestrial Planet Finder Interferomete.

第8章 普氏矩阵法（Pugh方法）

8.1 普氏矩阵法介绍

> **方法名称**：普氏矩阵法（Pugh方法），也称作决策矩阵；
>
> **提出的时间**：1990年；
>
> **提出的机构或个人**：Stuart Pugh；
>
> **主要应用领域**：通用；
>
> **主要作用**：概念评价，对预选方案进行优先性评价；
>
> **评价原理**：选取一个方案作为基线，对照准则将其他方案与此基线方案进行两两对比，最后得到它们的优先性排序，为了避免基线带来的偏差，该方法需要进行迭代；
>
> **所需要的系统模型和工具支持**：例如Analyst Answers公司可提供普氏矩阵的模板；
>
> **掌握的难度**：不大；
>
> **特点**：简单。

（1）工作步骤

普氏矩阵法的评价过程包括下面几个步骤：

1）**形成评价准则**：通过团队的讨论形成评价准则的清单，除了评价准则之外还要选择一个当前最好的产品作为评价基线。如果没有可比较的现成产品，则可以在当前的概念选项中任意选择一个方案，作为评价的基线。

2）**开发概念选项**：通过头脑风暴的方式由评价团队形成若干个概念选项。

3）**形成评价矩阵**：按照评价准则和评价基线，对每一个概念选项通过讨论进行评价。

4）**打分方法**：评价打分是分别将每个概念选项按照每个评价准则与基线对比其优劣。比较结果用＋、－和s等3种方式表示较好、较差和相同。打分统计包括对该概念选项打分的加号求和、减号求和以及总计。总计是加号求和与减号求和的差。总计的值越大，表示该选项越能满足评价准则的要求。

5）**第一个回合的评价**：按照上面描述的方法进行评价。

6）**下一个回合的评价**：将第一个回合评价结果中排行第一的概念选项作为这个回合新的评价基线，并将第一个回合评价中表现最差的概念选项删除掉，然后进行评价。

7）**选出表现出众的概念选项**：整个评价可能需要几个迭代的回合完成。迭代的评价过程直到出现表现出众的概念选项为止。

评价矩阵的表现形式如下：

图 8-1（a）表示的是普氏矩阵法的基本型。它由评价准则、概念选项、评价打分以及打分统计等 4 部分组成。图中的黑色方框之内表示的是评价打分。

图 8-1（b）表示的是普氏矩阵法的另外一种形式。它在评价之前首先确定各个评价准则的相对重要性，然后在统计各个选项的评价得分时，用相对重要性对各个选项的得分进行加权。评价准则的相对重要性可以采用 AHP 方法等求得。

编号	评价准则	概念选项		
		当前产品	选项1	选项2 ...
1		比较基准	s	+
2			−	s
...				
加号求和				
减号求和				
总计				

(a) 评价准则不加权的方法

编号	评价准则	准则重要性	概念选项		
			当前产品	选项1	选项2 ...
1			比较基准	s	+
2				−	s
...					
加号求和					
减号求和					
加号加权求和					
减号加权求和					
加权求和总计					

(b) 评价准则加权的方法

图 8-1　普氏矩阵法评价矩阵图

（2）对于普氏矩阵法的步骤中需要采用迭代式评价的解释

假设有一个权衡的任务，要根据 3 个准则对 3 个方案进行评价。为了能够解释需要采用迭代式评价的原因，进一步假设 3 个方案对 3 个准则的满足程度量化的值也已知，见表 8-1。在普氏矩阵法中，这一点是不需要的。从这种量化的数据，比较容易得到方案 1 是最佳方案的推测。

表 8-1　一个简单评价的例子：假设各方案对各准则的取值已知

	准则 1	准则 2	准则 3
方案 1	9	9	6
方案 2	6	5	6
方案 3	7	6	7

评价 1：首先看一看，采用不同的方案作为基线，会得到不同结果的情况。开始时在 3 个方案中任意选取方案 2 作为基线进行评价，见表 8-2。结果是方案 3 排序第一。

表 8-2　评价 1：选取方案 2 作为基线

	准则 1	准则 2	准则 3	合计	排序
方案 1	+	+	s	2	2
方案 2					3
方案 3	+	+	+	3	1

评价 2：接着再选取方案 1 作为基线进行评价，见表 8-3。结果是方案 1 排序第一。

表 8-3　评价 2：选取方案 1 作为基线

	准则 1	准则 2	准则 3	合计	排序
方案 1					1
方案 2	−	−	s	−2	3
方案 3	−	−	+	−1	2

两次不同基线的评价，产生了不同的排序结果。

再看一看普氏矩阵法中是如何解决这个问题的。在普氏矩阵法中，当第一次采用任何一个方案作为基线进行评价以后，要采用这次评价中排序第一的方案作为基线方案进行迭代式的评价。

评价 3：将评价 1 中的优胜者方案 3 作为基线再次进行评价，得到的结果是方案 1 排序第一，见表 8-4。这与前面的推测结果是一致的。

表 8-4　评价 3：选取方案 3 作为基线

	准则 1	准则 2	准则 3	合计	排序
方案 1	+	+		1	1
方案 2	−	−	−	−3	2
方案 3					3

（3）普氏矩阵的变种

在普氏矩阵的航天应用实践中，一些机构按照自己的要求对普氏矩阵法做了适当的修改。其中包括采用不同的打分方法以及基线比对方法。下面介绍航天应用实践中普氏矩阵法的 3 种变种。

1）普氏矩阵法的变种之一——打分分值分成 4 档。

这个方法是 2013 年洛克希德·马丁空间系统公司为 NASA 的双卫星月球重力场测量方案而采用的普氏矩阵法。在这组权衡矩阵中的值不再单纯是加号或者减号，而是包括了低、低到中、中到高和高等评价结果，如图 8-2 所示。

2）普氏矩阵法的变种之二——各个方案分别作为基线方案。

选项		是否满足姿态误差的需求?	对运行的影响	对科学调查的影响
0	什么都不做	否	低	低到中
1	在同一时间进行机动,可能避免姿势偏离	是	低到中	低
2	调整每一个航天器指向,使得另一个航天器好像仍然在同一轨道上	是	高	中
3	命令航天器离开围绕着机动的轨道点	是	高	中到高

图 8-2　普氏矩阵法的变种之一

这个变种方法是 2010 年佛罗里达大学为 NASA 的月球车车轮的材料选择所采用的普氏矩阵法。

其做法是将每一个备选方案作为基线方案,其余的方案根据准则与其对比,然后综合所有对比的结果得出最佳方案。在图 8-3 的采用方案 4(复合材料)作为基线评价的结果中,其余方案的得分总和都是 -2(如椭圆所示),是 4 组比较中的最低值,所以该方案最佳,如图 8-3 中右下方的椭圆所示。

普氏图

对考虑的概念的描述	
概念	描述
1	采用聚合材料将提供所需要的轮胎灵活性
2	采用陶瓷材料将提供高的硬度
3	采用金属材料将提供高的强度特性
4	复合材料将提供最好的材料特性,尽管它可能难以加工

概念	硬度	韧性	重量	成本	容易生产	耐腐蚀和抗辐射	行驶质量	合计
					概念1作为基线			
1					比较基线			
2	1	-1	0	-1	0	1	-1	-1
3	1	0	-1	-1	0	1	-1	-1
4	1	1	0	-1	-1	1	1	2

概念	硬度	韧性	重量	成本	容易生产	耐腐蚀和抗辐射	行驶质量	合计
					概念2作为基线			
1	-1	1	0	1		-1	1	1
2					比较基线			
3	-1	1	-1	0	1	0	1	1
4	1	1	1	-1	-1	0	1	2

概念	硬度	韧性	重量	成本	容易生产	耐腐蚀和抗辐射	行驶质量	合计
					概念3作为基线			
1	-1	0	1	1	0	-1	1	1
2	1	-1	1	1	-1	0	-1	-1
3					比较基线			
4	1	1	1	-1	-1	0	1	2

概念	硬度	韧性	重量	成本	容易生产	耐腐蚀和抗辐射	行驶质量	合计
					概念4作为基线			
1	-1	-1	0	1	1	-1	-1	-2
2	-1	-1	-1	1	1	0	-1	-2
3	-1	-1	-1	1	1	0	-1	-2
4					比较基线			

图 8-3　普氏矩阵法的变种之二

3）普氏矩阵法的变种之三——打分分值为 1～10。

这是 2011 年意大利比萨大学为欧洲空间局（ESA）的空间碎片主动移除任务而开展的方案研究。该方法按照 1～10 打分，1 是最低，10 是最高，如图 8-4 所示。

	变色龙的舌头	喷嘴	卫星群	粘胶
可靠性	6	7	7	5
技术问题和可行性	5	8	4	6
灵活性	4	6	8	4
成本	7	7	4	7
有效性	6	7	8	5
合计	28	35	31	27

图 8-4　普氏矩阵法的变种之三

8.2　航天应用案例（9 个）

下面是普氏矩阵法在航天任务中应用的例子，按照论文发表的时间顺序排列：

（1）文献题目：月球和火星探水探矿的挑战，最终设计报告

作者单位：加州理工学院；

发表时间：2020 年；

所属领域：行星探测；

分析对象：对钻探过程、获取过程和遥测过程中的 10 项功能，分别提出了 3～6 个方案，分别采用 3～6 个准则进行权衡。

（2）文献题目：智能（卫星）群的应用和潜力

作者单位：国际空间大学；

发表时间：2019 年；

所属领域：卫星；

分析对象：提出了 3 个星上计算机的备选方案，采用 5 个准则进行权衡。

（3）文献题目：用于外星探矿的月球提取（推进剂任务的方案）

作者单位：加州理工学院；

发表时间：2017 年；

所属领域：行星探测；

分析对象：对于在月球上获取推进剂任务的电解、推进剂的储存以及加注的地点提出了 5 个备选方案，采用 8 个准则进行权衡。

（4）文献题目：土卫二洞穴探测器的概念权衡研究

作者单位：JPL；

发表时间：2017 年；

所属领域：行星探测；

分析对象：对土卫二洞穴探测器的附着机制提出了 5 个备选方案，采用 5 个准则进行权衡。

(5) 文献题目：ABC 电子与通信工程最后报告

作者单位：得克萨斯大学；

发表时间：2016 年；

所属领域：行星探测；

分析对象：对火星无框轮子方案提出了 3 个备选方案，采用 4 个准则进行权衡。

(6) 文献题目：NASA 的 GRAIL 空间飞行器的编队飞行、任务的结果和小卫星的应用

作者单位：洛克希德·马丁空间系统公司；

发表时间：2013 年；

所属领域：行星探测；

分析对象：在双卫星测量月球的重力场的任务中，提出了两颗卫星编队飞行的 4 个备选方案，采用 3 个准则进行权衡。

(7) 文献题目：去除空间碎片的有效方法——发泡的应用

作者单位：欧洲空间局、意大利比萨大学；

发表时间：2011 年；

所属领域：卫星；

分析对象：在采用发泡的技术使空间碎片的阻力增大的任务中，提出了 4 个备选方案，采用 5 个准则进行权衡。

(8) 文献题目：NASA 月球巡视车圆锥形的轮子材料的选择

作者单位：佛罗里达大学；

发表时间：2010 年；

所属领域：行星探测；

分析对象：对车轮材料提出了 4 个备选方案，采用 7 个准则进行权衡。

(9) 文献题目：月球望远镜——最终设计报告

作者单位：MIT；

发表时间：2007 年；

所属领域：行星探测；

分析对象：对初选出来的 50 个远红外望远镜概念采用 20 个准则进行权衡，选出 7 个概念。

8.3 航天应用案例研究：月球提取推进剂的方案研究

文献题目：用于外星探矿的月球提取（推进剂）——LEEP；

发表时间：2017 年；

作者单位：加州理工学院、JPL 等单位；

分析对象：研究从月球上取水，将水变成推进剂，并且加注到深空探测器上的全过程的概念方案，包括月球上取水的位置、将水转换成推进剂的位置、推进剂储存的位置、对深空探测器加注的位置等。提出了 8 个评价准则、9 个设计要素，采用形态矩阵的方法，选取了 5 个预选方案，评选出一个最佳方案。

LEEP 设计要素的形态矩阵，包括 9 个设计要素，若干个选项，见表 8 - 5。

表 8 - 5 LEEP 设计要素的形态矩阵

设计决策（任务概念的要素）	描述	选择的理由	选项 A	选项 B	选项 C	选项 D	选项 E	选项 F
传送到轨道上的资源	什么资源从 LEEP 运输到空间	（略）	H_2/O_2	H_2O	其他挥发物	风化层	金属	N_2
会合	LEEP LRS 与深空探测器在哪里会合		LEO	高地球椭圆轨道	LLO	L1	L2	LRO
传送	将什么传送到轨道上		推进剂	贮箱	推进剂			
LEEP 的位置	LEEP 放在什么地方		北极	南极	赤道			
转换的位置	在哪里将水转换成推进剂		轨道	月球表面	轨道/月球表面	LRS		
储存的位置	推进剂储存在什么地方		轨道	月球表面	轨道/月球表面	LRS		
维护策略	如何维护这些设备		专用	替代	永久			
合同安排	哪个实体将承担设计和运行 LEEP 的风险和成本		上市公司	上市公司-私人企业	私人企业			
电力生产的位置	电力在哪里生产		地面	轨道				
位置								

确定了 8 个权衡准则，见表 8 - 6。

表 8 - 6　权衡准则

权衡准则	定义
建造时间	多快可以建成并部署
能量/推进剂的产出	每年可以支持多少次任务
加注的能力	每次任务可以将多少附加的质量送到火星
运行和维护的复杂性	硬件维护和加注操作的成本
技术成熟度	它是否有助于获得未来火星探索的知识和能力
技术风险	它是否会带来高风险
成本	开发和生产的成本
伙伴关系	它是否会促进航天机构和私人公司的伙伴关系

主要的权衡任务包括选择将水转化为推进剂的地点和储存推进剂的地点。研究团队确定了以下 5 个选项：

1）在太空中补给推进剂，电解和推进剂产生装置（ISRU）位于月球上。

2）同选项 1，但是在月球上使用多个（2～4 个）半人马飞行器，而不是一个 EUS。

3）在轨道上进行电解和生成推进剂。半人马座组成了月球补给飞船 LRS 系统。它们将水带入轨道。

4）该配置混合了选项 1 和选项 2。半人马座在月球上，发射后给在轨道上的 EUS 加注。EUS 贮箱被半人马座的 LRS 加油。

5）第 5 个选项是选项 1、2 和 3 的组合。ISRU 位于 LRS（半人马座）。漫游者填充了 LRS 的推进剂贮箱，并准备了足够的发射推进剂。它将水带入轨道，送入一个充满太阳能电池板的发电站。然后它开始推进剂补给和返回月球制造推进剂。这样做的好处是增加 70% 或更多的推进剂，但具有 3 倍的萃取率。该解决方案也使用了在轨道上的 EUS。缺点：如果半人马座的 LRS 解体，将失去两个系统。好处是不需要 ISRU 登上月球。

这 5 个选项的缩写和简单的解释见表 8 - 7。

表 8 - 7　5 个选项的缩写和简单的解释

选项 1	选项 2	选项 3	选项 4	选项 5
LRS＝EUS	LRS＝Centaur Multiple no Orbit Change	LRS＝Centaur Multiple Orbit Change	EUS/Centaur ISRU on Moon	EUS/Centaur ISRU on LRS
月球补给飞船＝探索上面级	月球补给飞船＝多个半人马座，轨道不变化	月球补给飞船＝多个半人马座，轨道变化	探索上面级/半人马座在月球上原地资源利用	探索上面级/半人马座在月球补给飞船上原地资源利用

在下面评价用的普氏矩阵中，选择 LRS＝EUS，即将第 1 个选项"月球补给飞船＝探索上面级"作为基线方案。评价中采用对权衡准则进行加权的方法进行。LEEP 概念方案的普氏评价矩阵如图 8 - 5 所示。

普氏矩阵							
				备选方案			
概念评价图例 比较好　+ 同样　S 比较差　− 权衡准则		重要性等级	LRS=EUS	LRS=Centaur multiple no orbit change	LRS=Centaur multiple orbit change	EUS/Centaur ISRU on Moon	EUS/Centaur ISRU on LRS
建造时间	多快可以建成并部署	10		+	+2	−	S
能量和推进剂的产出	月球可以支持多少次任务	7		S	S	−	−
加注的能力	每次任务可以将多少附加的质量送到火星	10		S	+	+	+
运行和维护的复杂性	硬件维护和加注操作的成本	5		S	−	−	S
技术成熟度	它是否有助于获得未来火星探索的知识和能力	8		+	+	+	+
技术风险	它是否会带来高风险	7		S	+	−	−
成本	开发和生产的成本	7		+	+	−	−
合作	它是否会促进航天机构和私人公司的伙伴关系	8		+	+	+	+
			加号求和	4	4	3	3
			减号求和	0	2	5	3
			相同求和	4	1	0	2
			加号加权求和	33	33	26	26
			减号加权求和	0	12	36	21
			总计	33	21	−10	5

图 8-5　LEEP 概念方案的普氏评价矩阵

图 8-6 所示为 5 个方案评价的结果。结果表明，方案 2 明显优于其他 4 种方案。

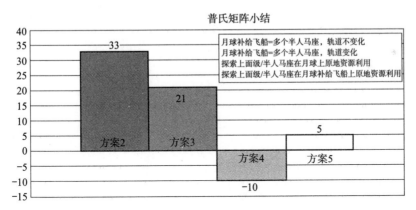

图 8-6　以方案 1 作为基线的评价结果

参 考 文 献

[1] 2008 NASA ESMD Capstone Design，07 Pugh Evaluation.

[2] 2020 Moon to Mars Ice and Prospecting Challenge，Final Design Report.

[3] 2019 Applications and Potentials of Intelligent Swarms.

[4] 2017 Lunar Extraction for Extra - terrestrial Prospecting.

[5] 2017 Enceladus Vent Explorer Concept – Attachment Mechanism Trade Study.

[6] 2016 ABC Ngineering Final Report.

[7] 2013 NASA's GRAIL Spacecraft Formation Flight，End of Mission Results，and Small – Satellite Applications.

[8] 2011 Active Removal of Space Debris – Expanding foam application for active debris removal Final Report.

[9] 2010 Materials Selection for the NASA Lunar Rover Vehicle Conical Wheel.

[10] 2007 Lunar Telescope Facility – Final Design Report.

第9章 TOPSIS方法

9.1 TOPSIS方法介绍

方法名称：根据对理想方案的相似度来进行方案排序的技术（Technique for Order Preference by Similarity to Ideal Solution，TOPSIS），我国有人把它称作"优劣解距离法"；

提出的时间：1980年；

提出的机构或个人：Yoon和Hwang；

主要应用领域：通用；

主要作用：概念评价，对预选方案进行定量的比较和评价；

评价原理：首先获取预选方案对于各个准则的具体值或者是相对重要性的值，然后将所有的方案针对各个准则的最佳值集合起来形成一个假想的最佳方案，评价各个方案对于这个假想最佳方案的相似度，相似度最高的方案就是最佳方案；

是否需要其他方法配合使用：可能需要获取权重的方法配合使用；

所需要的系统模型和工具支持：网上可找到用Matlab实现的代码；

掌握的难度：比较容易；

特点：在本书介绍的5种通用方法中，它属于定量化的评价，结果可能比较准确。

（1）具体的评价方法

TOPSIS方法是一种多属性决策技术。它对预选方案进行排序的原理是，基于备选方案对于正的和负的假想解的欧几里得距离。所谓的欧几里得距离是在 N 维空间中两个点之间的真实距离。在过去的几十年中，它在决策领域得到了广泛的应用。因为它的排序是基于各预选方案与假想的最佳方案的距离而确定的，所以给人们一种直观的物理意义。

假想的最佳方案：将所有方案针对各个准则的最佳值集合起来形成的方案，也称为正的假想解。

假想的最差方案：将所有方案针对各个准则的最差值集合起来形成的方案，也称为负的假想解。

最佳值的含义是对于用户希望越大越好的准则（如性能），选取现有方案中的最大值。对于用户希望越小越好的准则（如成本），则选取现有方案中的最小值。

评价步骤如图9-1所示。

图 9 - 1　评价步骤

1) 确定评价准则。这些准则包括性能和成本等方面，可以是定性的，也可以是定量的。在确定评价准则之后，获取这些准则的权重。这些权重由专家或者决策者直接给出，或者采用其他方法获得。

2) 获取各预选方案对于评价准则的值。对于定性的准则要予以量化。在考虑到评价准则的权重条件下，预选方案对于评价准则的值进行归一化。预选方案对于评价准则的值有两种形式：一种是预选方案对于评价准则的具体值或者叫作绝对值，表 9 - 1 中的定量准则是这种形式的例子；另一种形式是预选方案对于评价准则的相对值，表 9 - 1 中的定性准则是这种形式的例子。

3) 在评价准则的多维空间中，获取正的假想解和负的假想解。

所谓正的假想解和负的假想解就是假想的最佳解和假想的最差解。它们分别是将所有待选方案中的最佳值和最差值集成起来形成的两种假想的解决方案，用这两种解决方案的值来评价所有的预选方案。预选方案的值距离假想最佳解越近、距离假想最差解越远，则这个方案的排序越靠前。

图 9 - 2 用二维空间，也就是只有两种准则的情况来进行说明。在这个二维空间中散布的一些点是各个预选方案对于这两种准则的取值。这里假定这两种度量都是取值越大越好。在图的最左边可以找到具有最差的准则 1 的值的预选方案，在图的最下方可以找到具有最差的准则 2 的值的预选方案。这两个方案的准则 1 的取值和准则 2 的取值便构成了负的假想解。同样的道理，可以找到正的假想解。它出现在二维空间的右上方，如五角星所示。

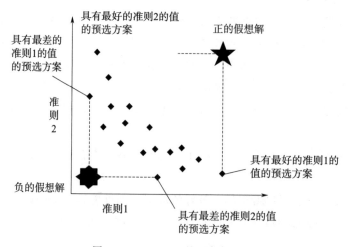

图 9 - 2　TOPSIS 的正负假想解

4）计算各个预选方案与正的假想解和负的假想解的欧几里得距离。

计算方法为

$$S_i^{\pm} = \sqrt{\sum_{j=1}^{J} (x_j^{\pm} - x_{ij})^2}$$

式中　S_i^+ 和 S_i^- ——预选方案 i 对于正的假想解和负的假想解的欧几里得距离；

　　　　J ——准则的数目；

　　　　$x_j^{\pm}$ ——正的假想解和负的假想解对于准则 j 的值；

　　　　x_{ij} ——预选方案 i 对于准则 j 的值。

图 9－3 所示为预选方案到正负假想解的欧几里得距离。

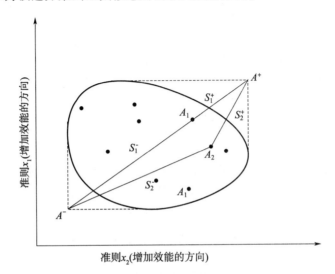

图 9－3　预选方案到正负假想解的欧几里得距离 $S_i^{\pm}$

5）计算各方案与假想的最佳方案的相似性。

在下列公式中，C_i^+ 表示方案 i 与假想的最佳方案的相似性。S_i^+ 和 S_i^- 分别是预选方案 i 到假想的最佳方案和假想的最差方案的欧几里得距离。相似性 C_i^+ 总是小于或等于 1。显然，S_i^+ 越小，则 C_i^+ 越接近于 1，也就是相似性越大。

$$C_i^+ = \frac{S_i^-}{S_i^+ + S_i^-}$$

6）最后根据各方案与假想最佳方案的相似性来确定方案的排序，相似性越大的方案排序越靠前。

（2）评价的具体步骤

下面举一个例子来说明 TOPSIS 的分析步骤和具体方法。假设有一个方案选择的问题，在 6 个分析准则中 5 个是性能准则，1 个是成本准则。用户希望性能越高越好，成本越低越好。另外，在准则中 4 个是定量的准则，2 个是定性的准则。定性的准则是无量纲的，按照 1、3、5、7、9 进行区分。准则的相对权重也已经给出。被比较的方案有 4 种，它们对于 6 种准则的数据也已经给出，见表 9－1。

表 9 - 1　由 4 个方案和 6 个准则组成的例子

准则	X_1	X_2	X_3	X_4	X_5	X_6
类型	性能	性能	性能	成本	性能	性能
定量/定性	定量	定量	定量	定量	定性	定性
权重	0.2	0.1	0.1	0.1	0.2	0.3
方案 A_1	2.0	1.5	20 000	5.5	5	9
方案 A_2	2.5	2.7	18 000	6.5	3	5
方案 A_3	1.6	2.0	21 000	4.5	7	7
方案 A_4	2.2	1.8	20 000	5.0	5	5

步骤 1：对各准则的值进行归一化。这里采用的方法是将各个方案的值除以所有方案值的平方和再开方。归一化的目的是使不同量纲的各个准则具有可比性。r_{ij} 是 4 个方案对于 6 个准则的取值 x_{ij} 归一化后的值。

$$r_{ij} = \frac{x_{ij}}{\sqrt{\sum_{i=1}^{m} x_{ij}^2}}$$

图 9 - 4 给出的是预选方案对于准则归一化后的值。作为例子，图中给出了方案 A_1 对于准则 X_1 的值按照下列算式进行归一化的情况。

$$\frac{2.0}{\sqrt{(2.0)^2 + (2.5)^2 + (1.6)^2 + (2.2)^2}}$$

$$r_{ij} = \frac{x_{ij}}{\sqrt{\sum_{i=1}^{m} x_{ij}^2}} = \begin{bmatrix} 0.467\,1 & 0.366\,2 & 0.505\,6 & 0.506\,9 & 0.481\,1 & 0.670\,8 \\ 0.583\,9 & 0.659\,1 & 0.455\,0 & 0.599\,0 & 0.288\,7 & 0.372\,7 \\ 0.420\,4 & 0.488\,2 & 0.530\,8 & 0.414\,7 & 0.673\,6 & 0.521\,7 \\ 0.513\,9 & 0.439\,4 & 0.505\,6 & 0.460\,8 & 0.481\,1 & 0.372\,7 \end{bmatrix}$$

图 9 - 4　预选方案对于准则归一化后的值

步骤 2：对于归一化的矩阵进行加权，各个准则的权重已经在表 9 - 1 中给出。

计算公式为

$$V_{ij} = W_j \cdot r_{ij}$$

V_{ij} 是预选方案 A_i 对于准则 j 归一化后的加权值。

加权结果见表 9 - 2。

表 9 - 2　方案对于准则归一化后的加权值

准则	X_1	X_2	X_3	X_4	X_5	X_6
类型	性能	性能	性能	成本	性能	性能
定量/定性	定量	定量	定量	定量	定性	定性
权重	0.2	0.1	0.1	0.1	0.2	0.3

续表

准则	X_1	X_2	X_3	X_4	X_5	X_6
	加权后的值					
方案 A_1	0.093 4	0.036 6	0.050 6	0.050 7	0.096 2	0.201 2
方案 A_2	0.116 8	0.065 9	0.045 5	0.059 9	0.057 7	0.111 8
方案 A_3	0.084 1	0.048 8	0.053 1	0.041 5	0.134 7	0.156 5
方案 A_4	0.102 8	0.043 9	0.050 6	0.046 1	0.096 2	0.111 8

步骤 3：决定假想的最佳方案 A^+ 和假想的最差方案 A^-。

前面已经说过，假想的最佳方案是将现有方案针对各个准则的最佳值集合起来形成的方案。

假想的最差方案是将现有方案针对各个准则的最差值集合起来形成的方案，见表 9-3。

在表 9-3 中用深灰色单元格数字的集合表示的是最佳方案，黑体数字的集合表示的是最差方案。注意：在最佳方案中，除了成本取最小值以外，其他均取最大值。与此相反，在最差方案中，除了成本取最大值以外，其他均取最小值。

表 9-3　假想的最差方案和最佳方案的值

准则	X_1	X_2	X_3	X_4	X_5	X_6
类型	性能	性能	性能	成本	性能	性能
	加权后的值					
方案 A_1	0.093 4	**0.036 6**	0.050 6	0.050 7	0.096 2	0.201 2
方案 A_2	0.116 8	0.065 9	**0.045 5**	**0.059 9**	**0.057 7**	**0.111 8**
方案 A_3	**0.084 1**	0.04 88	0.053 1	0.041 5	0.134 7	0.156 5
方案 A_4	0.102 8	0.043 9	0.050 6	0.046 1	0.096 2	0.111 8

假想的最佳方案

$$V_j^+ = (0.116\ 8, 0.065\ 9, 0.053\ 1, 0.041\ 5, 0.134\ 7, 0.201\ 2)$$

假想的最差方案

$$V_j^- = (0.084\ 1, 0.036\ 6, 0.045\ 5, 0.059\ 9, 0.057\ 7, 0.111\ 8)$$

步骤 4：计算各方案与假想的最佳方案和假想的最差方案的欧几里得距离。

各方案与假想的最佳方案的欧几里得距离计算公式为

$$S_i^+ = \sqrt{\sum_{j=1}^n (V_{ij} - V_j^+)^2} \quad i = 1, 2, \cdots, m$$

各方案与假想的最差方案的欧几里得距离计算公式为

$$S_i^- = \sqrt{\sum_{j=1}^n (V_{ij} - V_j^-)^2} \quad i = 1, 2, \cdots, m$$

计算结果见表 9-4。

表 9 - 4　各个方案到负的假想解和正的假想解的欧几里得距离

	方案 A_1	方案 A_2	方案 A_3	方案 A_4
S_i^+	0.054 5	0.119 7	0.058 0	0.100 9
S_i^-	0.098 3	0.043 9	0.092 0	0.045 8

步骤 5：计算各方案与假想最佳方案的相似度，用以确定方案的排序。

$$C_i^+ = \frac{S_i^-}{S_i^+ + S_i^-}$$

C_i^+ 的计算结果以及方案的排序见表 9 - 5。C_i^+ 的值越大，方案 i 越接近于假想的最佳方案。根据这个公式计算的结果，方案 A_1 最好。

表 9 - 5　评价结果

	方案 A_1	方案 A_2	方案 A_3	方案 A_4
C_i^+	0.643	0.268	0.613	0.312
方案排序	1	4	2	3

9.2　航天应用案例（10 个）

TOPSIS 方法在航天任务中应用的例子，按照论文发表的时间顺序排列：

（1）文献题目：支持对地球与火星通信体系结构比较的方法
作者单位：乔治亚理工学院；
发表时间：2018 年；
所属领域：行星探索；
分析对象：确定了地球与火星之间通信任务的 5 个场景，31 个体系结构方案，采用 5 个准则进行权衡。

（2）文献题目：小型 EDL 系统的技术综述和评价
作者单位：乔治亚理工学院和 NASA；
发表时间：2016 年；
所属领域：行星探索；
分析对象：对下降系统的 5 种方案，采用 4 个准则进行权衡。对着陆系统的 6 种方案，采用 5 个准则进行权衡。

（3）文献题目：近地物体的危险性影响：一个多准则决策方法
作者单位：西班牙空军研究院；
发表时间：2016 年；
所属领域：行星探索；
分析对象：确定了 7 个评价准则以及它们的权重，对 101 个近地物体的危险性进行了评价，最后确定了 10 个最危险的近地物体。

（4）文献题目：采用基于模型的系统工程方法，对大推力运载系统体系结构的研究

作者单位：美国 Orbital ATK 公司（为 NASA 马歇尔航天飞行中心开展此项研究）；

发表时间：2015 年；

所属领域：运载火箭；

分析对象：确定了 1 920 个大推力发射系统的配置，对这些选项进行了成本和工期的定性风险评估，筛选出了 33 个最低风险的概念，然后基于技术、成本和管理上的属性开展了 TOPSIS 分析，最后选出了两个概念作为向 NASA 的建议。

（5）文献题目：ESAS 派生的载人火星探测的离开地球级的设计

作者单位：乔治亚理工学院；

发表时间：2012 年；

所属领域：运载火箭；

分析对象：通过调研以前的研究成果和形态矩阵形成预选的概念，确定系统的品质因数（FOM），采用 AHP 方法对其进行加权。将加权后的 FOM 作为评价准则对预选的概念进行评价。这样预选出来的预选概念，再采用 TOPSIS 方法得到最终的结果。

（6）文献题目：NASA 采用团队的 AHP – TOPSIS 方法对载人空间飞行任务规划的框架

作者单位：匹兹堡大学等单位；

发表时间：2011 年；

所属领域：行星探测；

分析对象：确定了评价用的 4 个准则和 21 个子准则以及它们的权重。根据这些准则及权重对 5 种地面仿真器的相对优先级进行了评价。

（7）文献题目：用于在不确定条件下开展多属性决策的概率 AHP 和 TOPSIS 方法

作者单位：乔治亚理工学院；

发表时间：2011 年；

所属领域：卫星和运载火箭；

分析对象：卫星的轨道和运载火箭的选择；

分析方法：概率 AHP 和 TOPSIS。

（8）文献题目：应用于金星现场探测器的系统概念探索方法

作者单位：乔治亚理工学院；

发表时间：2008 年；

所属领域：行星探索；

分析对象：详见本书第 13.2 节。

(9) 文献题目：MARVIN——接近火星地面的甲烷探测

作者单位：乔治亚理工学院；

发表时间：2007 年；

所属领域：行星探索；

分析对象：确定了 6 个预选方案和 10 个准则，采用普氏矩阵法和 TOPSIS 方法进行权衡。

(10) 文献题目：载人月球探索的完全概念体系结构：工具和设计方法

作者单位：乔治亚理工学院；

发表时间：2006 年；

所属领域：运载火箭；

分析对象：采用 6 个准则对载人月球探索的运载器方案进行了权衡。

9.3　航天应用案例研究：载人空间飞行任务仿真器方案的排序

> **文献题目**：NASA 用于航天员空间飞行任务规划的 AHP - TOPSIS 团队评价框架；
>
> **作者单位**：美国拉萨尔大学、比利时鲁汶天主教大学；
>
> **发表时间**：2011 年；
>
> **项目背景**：美国 NASA 约翰逊航天中心为了在 "集成航天员探索任务仿真装置" 项目中，对航天员空间飞行任务仿真器进行评价，开发了一种团队多属性决策框架；
>
> **研究结果**：确定了 4 个评价准则和 16 个子准则，对 5 种仿真器符合评价准则的情况进行了评价，得到了它们优先性的排序；
>
> **权衡方案的方法**：TOPSIS 方法，采用 AHP 方法获得准则的权重。

权衡过程主要包括以下 9 个步骤：

步骤 1：确定待评选的方案。

这次评选任务的目的就是对已经确定的 5 个仿真器的方案进行重要性排序，所以待评选的方案是给定的。这 5 个仿真器是：

1）转送飞行器仿真器（Transit Vehicle Simulator，TVS）。该转送飞行器可将航天员从低地球轨道转送到任务目标（月球、火星等）的轨道上。

2）着陆器仿真器（Lander Vehicle Simulator，LVS）。该着陆器可将航天员从任务目标轨道上着陆到目标上，完成任务后再将航天员送到目标轨道上。

3）表面居住仿真器（Surface Habitat Simulator，SHS）。该表面居住环境将支持航天员在地外星球上生活一个月到一年的时间。

4）巡视器仿真器（Roving Vehicle Simulator，RVS）。该巡视器包括有人和无人两种，具有不同程度的自主性。

　　5）表面仿真器（Surface Terrain Simulator，STS）。模仿星球表面的材质和特性，用来评价上述仿真器的能力。

　　步骤 2：确定评选的准则和子准则以及它们的相对重要性权重。

　　总共确定了 4 个评价准则（成本、与战略规划的相关程度、复杂性和科学、运行与技术）和 16 个子准则，采用 AHP 方法求得了它们重要性的权重。表 9 - 6 列出了这些准则和子准则的部分内容以及部分属性归一化后的权重，这里的属性就是准则。

表 9 - 6　属性（即准则）归一化后的权重（部分内容）

属性		归一化后的总权重
1. 成本子属性	1.1 设计成本	0.057
	1.2 建造成本	0.051
	1.3 运行成本	0.080
	1.4 重配置成本	0.024
	1.5 维护成本	0.038
2. 与战略规划相关程度的子属性	2.1 探索开发相关性	0.059
	2.2 任务体系结构的共同性	0.060
	2.3 项目之外的可用性	0.038
	2.4 公众价值	0.004
	2.5 任务需求的理解	0.045
	2.6 风险规避	0.044

　　步骤 3：获得 5 个仿真器对于各个子属性优先级得分。

　　在前面介绍 TOPSIS 方法时谈到，为了对预选方案进行评价，首先要获取各个预选方案对于各个子属性的具体值，然后将它们归一化，再进行后续的分析。但是，这里采用的是一种不同的方法，即直接由决策者对各个预选方案对于各个子属性的重要性进行打分。打分的过程是由参与打分者填写一份问题单来实现的。这里略去了打分的具体过程，表 9 - 7 给出了评定的部分结果，表中左侧的第 1 部分表示的是成本性的属性，该值越小越好，表中左侧的第 2 部分表示的是效能性的属性，该值越大越好。这个表示各个预选方案对于各个子属性的重要性分值的表格也被称为决策矩阵。

表 9 - 7　5 个仿真器对于各个子属性优先级得分（部分内容）

属性		LVS	RVS	SHS	STS	TVS
1. 成本子属性	1.1 设计成本	3.88	4.76	3.88	8.00	4.00
	1.2 建造成本	3.94	4.53	3.12	7.94	3.76
	1.3 运行成本	4.71	5.29	3.41	8.65	4.35
	1.4 重配置成本	4.53	5.24	3.94	7.88	4.06
	1.5 维护成本	4.53	4.12	3.76	7.65	4.35

续表

属性		LVS	RVS	SHS	STS	TVS
2. 与战略规划相关程度的子属性	2.1 探索开发相关性	6.29	6.53	9.06	5.53	8.53
	2.2 任务体系结构的共同性	7.12	6.53	8.94	4.29	8.59
	2.3 项目之外的可用性	5.53	4.82	8.00	3.88	7.65
	2.4 公众价值	6.76	8.35	8.18	6.76	7.24
	2.5 任务需求的理解	6.88	7.12	8.88	4.76	8.35
	2.6 风险规避	7.24	6.88	9.00	5.29	8.82

步骤 4：获得归一化的决策矩阵。

对决策矩阵中的各个元素进行归一化，可采用以下公式进行计算

$$r_{ij} = \frac{X_{ij}}{\left(\sum_{i=1}^{n} X_{ij}^2\right)}; i = 1, 2, \cdots, n; j = 1, 2, \cdots, m$$

表 9-8 所示为归一化的决策矩阵的部分结果。

表 9-8　归一化的决策矩阵（部分结果）

属性		LVS	RVS	SHS	STS	TVS
1. 成本子属性	1.1 设计成本	0.336 7	0.413 1	0.336 7	0.694 3	0.347 1
	1.2 建造成本	0.355 3	0.408 5	0.281 4	0.716 0	0.339 1
	1.3 运行成本	0.377 7	0.424 2	0.273 4	0.693 6	0.348 8
	1.4 重配置成本	0.380 0	0.439 6	0.330 5	0.661 1	0.340 6
	1.5 维护成本	0.398 7	0.362 6	0.330 9	0.673 3	0.382 9
2. 与战略规划相关程度的子属性	2.1 探索开发相关性	0.384 5	0.399 2	0.553 8	0.338 0	0.521 4
	2.2 任务体系结构的共同性	0.437 0	0.400 8	0.548 7	0.263 3	0.527 2
	2.3 项目之外的可用性	0.399 7	0.348 4	0.578 3	0.280 5	0.553 0
	2.4 公众价值	0.403 7	0.498 6	0.488 5	0.403 7	0.432 3
	2.5 任务需求的理解	0.419 3	0.433 9	0.541 2	0.290 1	0.508 9
	2.6 风险规避	0.427 7	0.406 4	0.531 7	0.312 5	0.521 1

步骤 5：获得加权的归一化的决策矩阵。

考虑到子属性的重要性权重，可按下式计算加权后的归一化决策矩阵中的元素。

$$V_{ij} = W_j \cdot r_{ij}; i = 1, 2, \cdots, n; j = 1, 2, \cdots, m$$

表 9-9 所示为经过加权的归一化决策矩阵的部分结果。

表 9 - 9　经过加权的归一化决策矩阵的部分结果

属性		LVS	RVS	SHS	STS	TVS
1. 成本子属性	1.1 设计成本	0.019 0	0.023 3	0.019 0	0.039 2	0.019 6
	1.2 建造成本	0.018 2	0.020 9	0.014 4	0.036 7	0.017 4
	1.3 运行成本	0.030 0	0.033 7	0.021 7	0.055 1	0.027 7
	1.4 重配置成本	0.009 2	0.010 7	0.008 0	0.016 0	0.008 3
	1.5 维护成本	0.015 3	0.013 9	0.012 7	0.025 8	0.014 6
2. 与战略规划相关程度的子属性	2.1 探索开发相关性	0.022 7	0.023 6	0.032 7	0.019 9	0.030 8
	2.2 任务体系结构的共同性	0.026 1	0.023 9	0.032 8	0.015 7	0.031 5
	2.3 项目之外的可用性	0.015 1	0.013 2	0.021 8	0.010 6	0.020 9
	2.4 公众价值	0.001 7	0.002 1	0.002 1	0.001 7	0.001 8
	2.5 任务需求的理解	0.019 0	0.019 6	0.024 5	0.013 1	0.023 0
	2.6 风险规避	0.018 9	0.018 0	0.023 5	0.013 8	0.023 1

步骤 6：确定正的假想解和负的假想解。

正的假想解和负的假想解可以表达为一组子属性组成的向量。正的假想解由各个预选方案中最大的效能子属性值和最小的成本子属性值组成，负的假想解由各个预选方案中最小的效能子属性值和最大的成本子属性值组成，如下列公式所描述

$$A^+ = (V_1^+, V_2^+, \cdots, V_n^+) = \{(\max_i\{V_{ij}\} \mid j \in B), (\min_i\{V_{ij}\} \mid j \in C)\}$$

$$A^- = (V_1^-, V_2^-, \cdots, V_n^-) = \{(\min_i\{V_{ij}\} \mid j \in B), (\max_i\{V_{ij}\} \mid j \in C)\}$$

式中　B ——效能子属性；

　　　C ——成本子属性。

表 9 - 10 所示为经过分析而获得的正的假想解和负的假想解的部分结果。其中，PIS 表示正的假想解，NIS 表示负的假想解。

表 9 - 10　正的假想解和负的假想解（部分结果）

属性		PIS	NIS
1. 成本子属性	1.1 设计成本	0.019 0	0.039 2
	1.2 建造成本	0.014 4	0.036 7
	1.3 运行成本	0.021 7	0.055 1
	1.4 重配置成本	0.008 0	0.016 0
	1.5 维护成本	0.012 7	0.025 8
2. 与战略规划相关程度的子属性	2.1 探索开发相关性	0.032 7	0.019 9
	2.2 任务体系结构的共同性	0.032 8	0.015 7
	2.3 项目之外的可用性	0.021 8	0.010 6
	2.4 公众价值	0.002 1	0.001 7
	2.5 任务需求的理解	0.024 5	0.013 1
	2.6 风险规避	0.023 5	0.013 8

步骤 7：计算各个预选方案与正的假想解和负的假想解的欧几里得距离。

预选方案 i 与正的假想解和负的假想解的欧几里得距离 S_i^+ 和 S_i^- 可由下列公式计算

$$S_i^+ = \left\{ \sum_{j=1}^{m} (V_{ij} - V_j^+)^2 \right\}^{0.5}; \ i = 1, \cdots, n$$

$$S_i^- = \left\{ \sum_{j=1}^{m} (V_{ij} - V_j^-)^2 \right\}^{0.5}; \ i = 1, \cdots, n$$

计算的结果如下：

$S_i^+ = ($LVS$ = 0.027\ 1,\ RVS = 0.034\ 1,SHS = 0.007\ 1,STS = 0.074\ 7;TVS = 0.016\ 3)$

$S_i^- = ($LVS$ = 0.056\ 0,\ RVS = 0.045\ 1,SHS = 0.075\ 0,STS = 0.007\ 2;TVS = 0.062\ 3)$

步骤 8：计算各预选方案对于正的假想解的相似性。

预选方案 i 对于正的假想解的相似性的计算公式为

$$T_i = \frac{S_i^-}{(S_i^+ + S_i^-)}; \ i = 1, \cdots, n$$

预选方案 i 对于正的假想解的相似性的计算结果为

$T_i = ($LVS$ = 0.673\ 9,\ RVS = 0.569\ 0,SHS = 0.913\ 6,STS = 0.087\ 7;TVS = 0.792\ 8)$

步骤 9：根据各个预选方案对于正的假想解的相似性，对它们的优先级进行排序。

对 5 个方案进行评价后的最终结果见表 9-11。

表 9-11 对 5 个方案进行评价后的最终结果

预选方案名称	表面居住仿真器	转送飞行器仿真器	着陆器仿真器	巡视器仿真器	表面仿真器
英文缩写	SHS	TVS	LVS	RVS	STS
与正的假想解的相似性	0.913 6	0.792 8	0.673 9	0.569 0	0.087 7
优先级排序	1	2	3	4	5

参 考 文 献

[1] 2018 A Methodology to Support Relevant Comparisons of Earth – Mars Communication Architectures.

[2] 2016 Technology Overview and Assessment for Small – Scale EDL Systems.

[3] 2016 Near – Earth object hazardous impact: A Multi – Criteria Decision Making approach.

[4] 2015 A Model – Based Systems Engineering Approach to the Heavy Lift Launch System Architecture Study.

[5] 2012 ESAS – Derived Earth Departure Stage Design for Human Mars Exploration.

[6] 2011 A group AHP – TOPSIS framework for human spaceflight mission planning at NASA.

[7] 2011 Probabilistic AHP and TOPSIS for Multi – Attribute Decision – Making under Uncertainty.

[8] 2008 A Systematic Concept Exploration Methodology Applied to Venus In Situ Explorer.

[9] 2007 MARVIN – Near Surface Methane Detection on Mars.

[10] 2006 Full Concept Architecture for Human Lunar Exploration: Tools and Design Methodology.

第 10 章 RMA 方法（NASA/JPL）

10.1 RMA 方法介绍

方法名称：快速任务体系结构（Rapid Mission Architecture，RMA）；

提出的时间：2007 年；

提出的机构或个人：NASA 的 JPL；

主要应用领域：深空探索；

主要作用：概念设计与评价，形成科学探索任务的体系结构选项，在科学价值与成本的权衡空间中对方案进行评价和分析；

评价原理：对体系结构选项的成本、科学价值与风险进行综合评价，利用类似于权衡空间图形的方式进行分析；

所需要的系统模型和工具支持：

1）知识捕获和管理工具。

2）科学可跟踪性和价值工具。

3）任务飞行系统和有效载荷设计工具。

4）成本复杂性和风险分析工具。

5）权衡空间快速分析工具。

6）基于模型的工具和数据库。

掌握的难度：较大，需要较多的工具和数据进行支持；

特点：专为深空探测飞行器研发的方法，既能生成任务概念的选项，又能对其进行评价和分析。

RMA 是 JPL 于 2007 年开发的，并且逐步发展成 JPL 的 Team X 的重要组成部分。RMA 是适用于 Team X 点设计之前的、快速而且有效的早期任务体系结构开发和权衡空间研究的一种方法。它为在选定一个用于详细设计的特定的点设计之前提供概念创造、权衡研究、可行性评价以及初步分析。RMA 强调对大范围的权衡空间进行研究，它将几十个潜在的任务选项及其组合缩小到 10 个或者稍多一些的体系结构，然后对它们进行详细的评价，选出最好的选项作为下一步研究的建议。

RMA 强调对权衡空间研究的快速性。根据任务的不同和权衡空间的规模，权衡团队只需要 1～3 周的时间便可完成权衡任务。团队由 6～10 个来自各方面的体系结构级别的专家组成。典型的权衡过程由 4～8 个并行的工作会议组成，每次工作会议需要 2～3 小时。传统的权衡空间分析方法，尤其是在没有可参考的点设计的情况下，需要几个月来完成这项任务。传统的权衡方法需要一个大的团队参与并且要开展详细的分析。

权衡团队的组成人员有客户代表、体系结构设计师、科学家、科学装置和有效载荷的专家、任务设计专家、顶层的系统工程专家和风险分析专家等。

JPL 为了长期地采用 RMA 方法开展体系结构权衡的分析和应用，专门成立了"A - Team"，即体系结构团队，为 JPL、NASA 的其他机构以及 NASA 之外提供权衡服务。

10.2　RMA 的应用情况简介（据称有超过 200 个应用）

据 JPL 发表的论文称，截至 2017 年已经采用 RMA 方法开展了超过 200 项概念权衡研究（具体情况不详）。

完成权衡研究的例子如下：

1）2018 年开展的人类月球探索返回任务研究。

2）2017 年冰巨人前 10 年研究的最终报告（冰巨人指的是天王星和海王星）。

3）2010 年开展的水星着陆器，金星移动探测器，土卫二任务，海王星-海卫一-柯伊伯带的联合探索任务的研究。

4）其他还有 3D 打印、通过 CubeSate 进行深空中继通信、超低成本的行星任务、金星现场探索、火星采样返回的空间推进、低成本的金星探索。

10.3　RMA 方法的实施过程

空间任务体系结构权衡的目的是，根据科学考察的目的，产生若干个可能的体系结构选项，形成体系结构选项的顶层设计，然后通过分析和评价筛选出能够满足科学考察目的的少数几个最佳选项，供下一步研究使用。

JPL 的 RMA 方法由下面一些串行的和并行的过程组成：

第 1 个过程是确定任务的科学目标以及任务的技术需求。它包括 3 个子过程：首先收集并形成科学家们希望该项探索任务回答的科学问题；然后将这些科学问题归纳成该项探索任务的科学目标；最后将这些科学目标转化成为对该项探索任务的技术需求。

第 2 个过程是初步形成体系结构的选项。它包括两个子过程：确定任务的体系结构可能的关键元素的类型；形成任务最高层次的体系结构方案。

第 3 个过程是形成体系结构选项的关键元素和参数。它包括两个子过程：确定各选项的科学观察装置的配置；确定各选项的关键元素和参数。下面第 4～第 6 个过程基本上可以并行开展。

第 4 个过程是估计体系结构选项的风险，这种风险包括项目开发过程中的实现风险和项目开发完毕后执行任务中的任务风险。

第 5 个过程是估计体系结构选项的成本。

第 6 个过程是估计体系结构选项的科学价值。最后第 4～第 6 个过程产生的结果，输入第 7 个过程中。

第 7 个过程是对体系结构选项的科学价值、成本及风险进行综合评价，形成评价结果，并对下一阶段的研发工作提出建议。

RMA 方法的实施过程如图 10-1 所示。

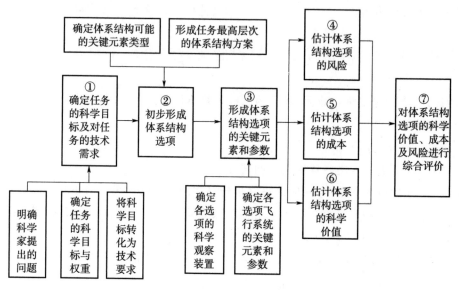

图 10-1　RMA 方法的实施过程

10.4　RMA 方法的具体分析步骤和航天应用案例

采用联合探索海王星等 3 个天体的任务的案例，来说明 RMA 方法是如何实施的。

10.4.1　案例简介——对海王星、海卫一和柯伊伯带（KBO）等 3 个天体的联合探索任务

　　文献题目：NASA 任务概念研究，行星科学 10 年综述，JPL 快速任务体系结构，海王星、海卫一和 KBO 天体研究的最终报告；

　　研究时间：2010 年；

　　研究单位：以 JPL 为主，还有几家大学和研究单位参与；

　　研究目的：对海王星、海卫一和 KBO 天体开展的联合科学观察任务进行概念研究，确定科学观察目标，提出若干种体系结构概念的选项，分析它们的主要组成及其技术参数，对这些结构概念的选项可能实现的科学观察的价值、成本和风险进行综合评价，为后续的进一步筛选和开展设计奠定基础；

　　关于 KBO 天体：柯伊伯带是太阳系外的一个圆形星盘，其范围是从海王星的轨道（30 个天文单位）延伸到距离太阳约 50 个天文单位处。它与小行星带很相似，但

比小行星带宽 20 倍之多，质量为 20～200 倍。像小行星带一样，它主要由太阳系形成时的小天体或残留物组成。

研究方法：JPL 的快速任务体系结构方法，即 RMA。

研究结果：根据联合探索的科学目标，筛选出了 14 个体系结构选项，确定了它们关键的体系结构要素，从科学价值、成本和风险 3 个方面对它们进行了评价。

下面按照图 10-1 所示过程，逐个介绍 RMA 方法的实施过程及说明性案例。在对每个过程的介绍中，首先介绍 RMA 的方法，然后再介绍案例是如何实现这个过程的。

10.4.2　步骤 1：确定任务的科学目标及对任务的技术需求

（1）确定任务的科学目标
①方法

整个过程从收集科学家希望回答的科学问题开始。根据科学家们提出的感兴趣的问题，研究团队将这些问题转化为科学观察目标。科学观察目标分成几个大目标和若干个子目标，并且分别给出大目标之间的相对重要性以及各个大目标之下的子目标之间的相对重要性。

②案例

1）确定科学目标：根据科学家们提出来的感兴趣的问题，经过分析汇总后分别给出对这 3 个天体进行科学观察的目标。其中包括海王星的问题 6 个、海卫一的问题 4 个、KBO 的问题 4 个。

2）评定科学目标的权重：根据它们的重要性，评定了这 3 个天体科学观察目标的权重以及它们子目标的权重。

表 10-1 是对 3 个天体进行联合探测的科学目标以及它们的相对重要性。

表 10-1　对 3 个天体进行联合探测的科学目标以及它们的相对重要性

	科学目标	相对重要性	
	海王星	9	
1.1	大气结构、动力学、云层的进化		10
1.2	磁层的结构、动力学和组成		8
1.3	大气的组成、同位素和惰性气体		9
2.1	内部结构和重力		7
2.3	环的组成、微粒的尺寸、动力学		6
2.4	月球的组成、轨道、海卫二		5
	海卫一	6	
1.4	地质表面的过程、组成和现在的活动		10
1.5	大气结构，化学成分，与表面的交互		8
1.6	内部的结构、差异和海洋		8
2.2	磁层的交互		4

续表

	科学目标		相对重要性	
	KBO 天体		5	
1.7	地质过程、年龄、活动、成坑			10
1.8	表面组成以及空间风化			7
2.5	主体的特性、卫星、辐射以及温度			3
2.6	太阳风的交互,大气的作用			5

（2）通过跟踪矩阵将科学目标转化成技术要求

①方法

科学跟踪矩阵的目的是将科学目标分解成对于任务的具体要求，也就是说，将科学家的要求转化成工程师在考虑体系结构设计时的技术要求。这个矩阵实际上也是一个表格，它除了包括各项科学目标外，还有实现方式、观测装置和功能需求。实现方式指的是任务系统如何实现这一科学目标，即要做什么；观测装置指的是用什么样的观测装置来实现这一技术目标，即如何做；功能需求指的是任务系统为观测装置实现技术目标所应该提供的条件，其中主要包括装载观测装置的飞行器应该运行什么样的轨道。

科学跟踪矩阵的分析结果为后续的体系结构选项的选择和关键组成的形成提出了飞行器轨道和观测装置类型方面的要求。

②案例

表 10-2 是本研究提出来的科学跟踪矩阵，包括对上述 14 个科学目标的分析，这里只给出了两个科学目标相关内容。

表 10-2　联合探测的技术要求（部分内容）

科学目标编号	科学目标	实现方式	观测装置	功能需求
1.1	确定海王星的云层、大气的热结构、气体和风是如何随着时间（小时、月和季节）变化的	按照时间（小时、月和季节）进行全球成像，热测绘，空间解析光谱信息	窄角度和宽角度可见光成像仪、热映射仪、紫外可见光红外成像光谱仪、RSS link with USO、gimballed HGA	较多覆盖的飞越，轨道飞行器提供额外的时间覆盖
1.2	了解海王星磁场的结构、动力学以及组成	粒子和场的测量	磁场计、等离子体光谱仪	较多覆盖的飞越

10.4.3　步骤2：形成体系结构选项

体系结构选项的形成要体现考虑的范围尽可能大的原则，然后筛选成少量的备选方案，供进一步的分析和权衡比较。体系结构选项的形成通过几个步骤来完成。它们是关键权衡矩阵、体系结构权衡树、科学观察装置以及飞行系统的体系结构分析。

关键权衡矩阵：确定任务体系结构可能的关键选项。**体系结构的关键选项包括飞行器轨道、飞行器装置、飞行系统和运行概念等。**在这项活动的咨询中首先将选择的重点放在可能性上，而不太考虑其可行性。然后根据可行性进行初步筛选。

体系结构权衡树：形成任务最高层次的体系结构方案。其任务是根据科学可跟踪性矩阵的要求，提出若干种以飞行器轨道为核心的体系结构，例如飞行器飞越和环绕方案，环绕方案又可以分成最低性能、简单性能和高性能的轨道。然后根据可行性进行筛选。

子步骤 1：确定任务体系结构可能的关键元素类型。

①方法——关键权衡矩阵

研究团队采用头脑风暴的方法提出尽可能多的、认为有科学价值的任务体系结构。此时可以暂不考虑体系结构实现的成本和技术上的可行性，然后采用关键权衡矩阵的方法进行描述、分析和初步筛选。

这个关键权衡矩阵实际上就是一个表格，它包括两个部分，如图 10 - 2 所示。最左边的是权衡维度，也就是体系结构的主要元素，例如飞行器轨道、飞行单元、科学装置和巡航持续时间等。在它右边的是每一个权衡维度的子选项，例如飞行单元的子选项可以是各

体系结构的要素	体系结构要素的选项				
主要飞行元素	飞越飞行器	轨道器	双轨道器		
次要飞行元素	海王星探测器 (5 bar)	海王星探测器 (20 bar)	海王星海卫一联合探测器	双探测器	分级深入探测器	跳过探测器
	撞击器	自由飞行磁场计	着陆器	可分离的KBO飞越飞行器	自由飞行转发器和磁场计	
主要电力	太阳能集中器	MMTGT	ASRG			
科学定向和Ops	体固定	个别装置扫描	扫描平台	万向接头HGA	聚焦目标的多次飞越	
运行和数据返回技术	可展开的天线	高能力的通信	双偏振器	阵列式 34 m DSN	光通信	自主式导航和运行
科学装置	高度计	加速度计	TI	压力传感器	质谱仪	沙尘
	OPH	PWS	PLS	EPD	MAG	VI
	NIRI	测绘仪	NAC	WAC	UVI	FTIR
	RSCM	USO	探测雷达	转发器	重力计	微波
发射运载器和选项	猎鹰9号重型	德尔它重型	阿特拉斯5	猎鹰9号	半人马座	固体上面级
推进系统	化学	SFP级	SFP Integrated	RFP	NFP	RFP&SFP
巡航方法	化学	JGA	太阳帆	低推力内部系统		
海王星轨道插入方法	动态探空系留仪	推进插入	海王星大气捕获	可充气的气囊	低推力的外部系统	长期低温
	海卫一AGA	气球式降落伞	飞越			
海王星轨道	飞越	高近质心点轨道	海卫一有限制的访问	全程访问		
海卫一轨道	在10 000 km 处飞越	在300~400 km 处飞越	多次飞越	尽可能的飞越		
KBO轨道	大的KBO	较小的KBO	多次飞越	Centaur Sub.		
飞到海王星的时间	11年	12年	13年	14年	15年	
巡航持续时间	1年	2年				
主要的任务持续时间	12年	13年	14年	15年	16年	

图 10 - 2 体系结构元素的选项

种空间飞行器、轨道器和着陆器等。在对这些子选项进行定性的推理和快速的定量评价分析后，将它们分成 3 种不同的类型。第 1 种是被淘汰的子选项。它们被淘汰的原因是成本太高、没有较大的科学价值、技术成熟度太低或者太复杂、潜在风险太大等。第 2 种选项虽然将被用在体系结构中，但并不是团队优先选择的选项。第 3 种选项是被团队优先选择的选项，将用于所选择的体系结构中，但是它们并不一定是最后选择的唯一选项。

②案例

图 10 - 2 是对 3 个天体进行联合探索的关键权衡矩阵。左边一栏是体系结构的要素，右边则是它们的选项。标有黑色方块的选项是被筛选掉的，其余的灰色单元选项是被选上的，白色的选项是允许考虑的，但并不是优选项。

子步骤 2：形成任务最高层次的体系结构方案。

①方法

通过权衡树形成任务最高层次的体系结构方案，最高层次体系结构的关键元素就是飞行器的轨道。

这是形成体系结构预选方案重要的一步。它是一种逐级分解的树状结构，首先根据轨道器的特征将预选方案分成几个大类，然后将各类任务分解成不同的体系结构类型。根据可行性选出将参加正式权衡评价的方案，并对它们进行标识。

②案例

首先根据轨道器的特征将预选方案分成 4 类：飞越任务、最小轨道器任务、简单轨道器任务和高性能轨道器任务。然后将各类任务分解成不同的体系结构类型，例如飞越任务被分解成 3 个天体旗舰类飞越和 3 个天体低成本飞越。而各个体系结构类型又被分解为若干个子选项，例如低成本飞越的子选项包括：聚焦海王星的飞越、聚焦海卫一的飞越和聚焦 KBO 的飞越、最佳综合性的飞越、KBO 的多次飞越、半人马座飞越。最后选出将参加正式权衡评价的方案，并对它们进行标识。这里共选出了 14 个体系结构的选项，对被选出来的选项给予了标识，如图 10 - 3 所示。

10.4.4　步骤 3：确定体系结构选项的关键元素和参数

这实际上是概念级别的体系结构选项的设计过程。作为体系结构的关键元素，飞行器的轨道在前面已经有了初步的分析。体系结构的关键元素还有科学观察装置和飞行系统。

子步骤 1：确定各选项的科学观察装置

①方法

在前面的关键权衡矩阵分析中已经列出了可能使用的若干种科学观察装置。在这一阶段的活动中，首先要对科学观察装置的技术成熟度进行分析。科学观察装置的选择，既要考虑到尽量采用先进性能更加完善的设备，又要考虑到设备研制的风险。因为科学考察任务的实现是若干年以后才开始执行，所以要对科学观察装置的技术成熟度进行预估，然后使用那些已经初步成熟的观察技术。一般来说，达到技术成熟度 6 级便被认为是初步成熟的技术。

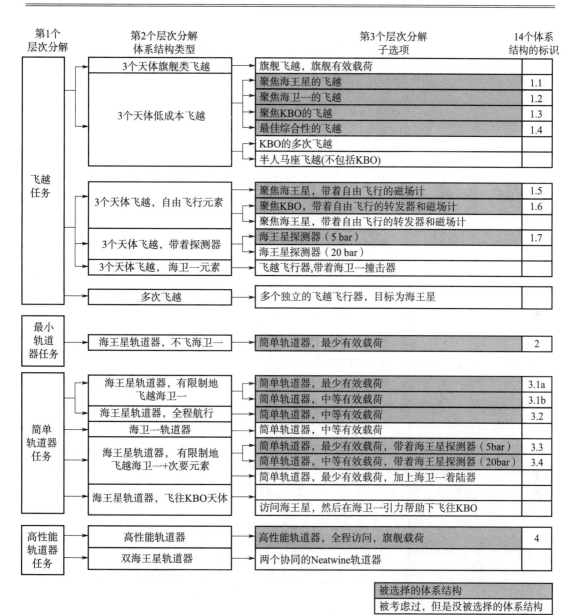

图 10-3　权衡树及选出来的 14 个预选方案

接下来的活动便是列出各个体系结构选项要完成科学观察任务所需要的科学观察装置，同时，确定它们的质量和功耗，供后面的分析使用。

②案例——对科学观察装置的技术成熟度评估

对 3 个天体进行联合探索所需的科学观察装置当前的技术成熟度评估结果见表 10-3。

表 10-3　科学观察装置的当前技术成熟度

装置举例	技术成熟度
广角成像仪	7+

续表

装置举例	技术成熟度
近红外成像光谱仪	7+
磁场计	8+
RSCM link	8+
USO	8+
平衡高增益天线	8+
窄角成像仪	7+
紫外成像光谱仪	8+
等离子体光谱仪	7
热测绘仪	5
质谱仪	8+
附加的旗舰类任务装置:RPWS, HEP, Dust, FTIR, GPR 等	不同的等级,处于5～8级之间

子步骤 2：确定体系结构选项的科学观察装置的配置

根据体系结构任务的需求，按照质量将科学观察装置分成 3 类：最小类，质量为 25 kg；简单类，质量为 50 kg；高性能类，质量为 300 kg。提出了 13 种科学观察装置，14 种体系结构选项按照各自需求分别选取了上述 3 类质量的科学观察装置，并且估计了它们的具体质量和功耗需求，见表 10-4。

表 10-4　体系结构选项的科学观察装置的配置

体系结构选项

设备	3个天体飞越，聚焦海王星	3个天体飞越，聚焦海卫一	3个天体飞越，聚焦KBO	3个天体飞越，最佳的综合	3个天体飞越，聚焦海王星，自由飞行，多个磁场计	3个天体飞越，聚焦KBO，自由飞行，转发器，磁场计	3个天体飞越，海王星探测	简单轨道器：海王星极地机	简单轨道器，有限制的海卫一（最小有效载荷）	简单轨道器，有限制的海卫一，航行	简单轨道器，全程航行	简单轨道器，有限制的海卫一，航行，残表大气探测	简单轨道器，有限制的海卫一，航行，部署飞越KBO的航天器	高性能的轨道器	Similar设备
被研究选项的标识	1.1	1.2	1.3	1.4	1.5	1.6	1.7	2	3.1a	3.1b	3.2	3.3	3.4	4	
有效载荷的质量	60	60	60	60	60	60	60	25	25	60	60	25	60	300	
广角成像仪	1	1	1	1	1	1	1	1	1	1	1	1	1	1	Ralph
近红外成像光谱仪	1	1	1	1	1	1	1	1	1	1	1	1	1	1	Ralph
磁场计	1	1	1	1	1	1	1	1	1	1	1	1	1	1	Mag
RSCM link	1	1	1	1	1	1	1	1	1	1	1	1	1	1	JUNO
USO	1	1		1	1	1	1	1	1	1	1	1	1	1	GLL
平衡高增益天线	1	1	1	1	1	1	1	1	1	1	1	1	1	1	
窄角成像仪	1	1	1	1	1	1	1				1		1	1	Lorri
紫外成像光谱仪	1	1	1	1	1	1	1			1	1		1	1	Alice
等离子体光谱仪	1	1	1	1	1	1	1						1	1	Pepssi
热测绘仪	1	1	1	1	1	1	1						1	1	Diviner
质谱仪												1	1	1	INMS
附加的旗舰类任务装置：RPWS, HEP, Dust, FTIR, GPR等														1	Cassini
256 Gbit SSR	1	1	1	1	1	1	1							1	SEKR
重量	61	61	59	61	61	61	61	27	27	56	56	27	56	300	
功耗	63	63	61	63	63	63	63	14	14	61	61	14	61	300	

子步骤 3：确定各选项飞行系统的关键元素和参数

表 10-5 分别给出了 14 个任务体系结构选项的飞行系统的体系结构（部分内容），它们包括发射运载器、巡航器、主要的飞越飞行器、主要的轨道器、放射性同位素装置的数

表 10 - 5　各选项飞行系统的体系结构（部分内容）

体系结构编号	体系结构类型	子选项名称	发射运载器（基本规则）	发射运载器 Analogue	巡航器	到达海王星轨道捕入点的运载器级	主要的飞越飞行器	主要的轨道器	ASRGs 数量	次要元素的类型	次要元素的数量	主要元素有效载荷的质量	主要元素装置列表	次要元素质量	次要元素装置列表
	飞越任务														
1.1		3 个天体飞越，聚焦海王星	Opt. 4b	Atlas V 521	化学		x		4			60	WAC, NIRI Spec, MAG, RSCM link, USO, NAC, UVI Spec, PLS, TI,256 Gbit SSR		
1.2		3 个天体飞越，聚焦海卫一	Opt. 4b	Atlas V 521	化学		x		4			60	WAC, NIRI Spec, MAG, RSCM link, USO, NAC, UVI Spec, PLS, TI, 256 Gbit SSR		
1.3		3 个天体飞越，聚焦 KBO	Opt. 4b	Atlas V 521	化学		x		4			60	WAC, NIRI Spec, MAG, RSCM link, NAC, UVI Spec, PLS, TI, 256 Gbit SSR		

量、主要有效载荷的质量、主要科学装置的名单、次要有效载荷的质量以及次要科学装置的名单。

子步骤 4：估计体系结构级别的质量

体系结构级别的质量由飞行器和巡航器的质量组成，如图 10 - 4 所示。其中，体系结构编号为 1.1、1.2、1.3 和 1.4 的质量相同。

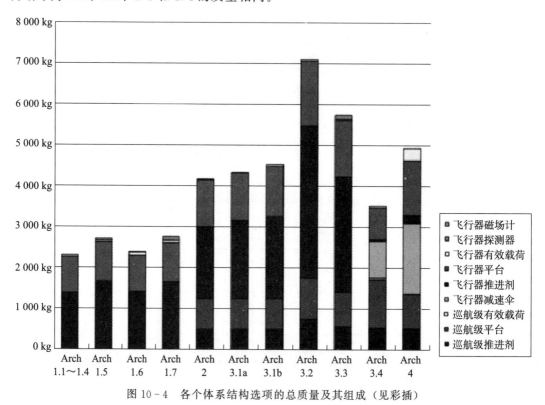

图 10 - 4　各个体系结构选项的总质量及其组成（见彩插）

10.4.5　步骤 4：估计体系结构选项的风险

①方法

对任务体系结构预选方案的评价包括预选方案的科学价值、成本和风险。在前面完成的技术分析的基础上，开展的风险评估包括两个方面：一个方面是任务风险，它是在整个系统完成实现后开始执行任务的风险；另一方面是实现风险，它是整个系统在实现过程中可能出现的风险。

这两个方面的风险评估方法是分别列出可能发生风险的内容，然后对 14 项任务体系结构的选项按照 NASA 5×5 风险评估矩阵进行逐个评估。

在 NASA 5×5 风险评估中，将风险分解成风险出现的可能性和风险后果的严重性两个分量，每个分量划分成 5 个等级，NASA 对这 5 个等级规定了具体划分的方法。对任务体系结构的选项分别进行了可能性和严重性的量化评估以后，采用 5×5 的风险评估矩阵，得到它们的总体风险等级：高风险、中风险和低风险，在图 10 - 5 中它们分别用深灰、浅灰和白色单元格来表示。

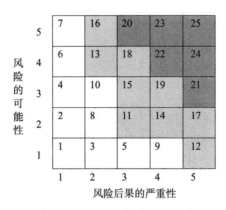

图 10-5　NASA 风险评估矩阵

②案例

图 10-6 是对 3 个天体进行联合探索的任务风险分析的部分结果。图中的 G 和 Y 分别表示绿色和黄色，分别意味着低风险和中风险。

任务风险编号	任务风险名称	1.1 3个天体飞越，聚焦海王星	1.2 3个天体飞越，聚焦海卫一	1.3 3个天体飞越，聚焦KBO	1.4 3个天体飞越，最佳的综合性	1.5 3个天体飞越，聚焦海王星，自由飞行，多个磁场计	1.6 3个天体飞越，聚焦KBO，自由飞行，转发器，磁场计	1.7 3个天体飞越，海王星探测	2 简单轨道器：海王星极地轨道器	3.1a 简单轨道器：有限制的海卫一航行（最小有效载荷）	3.1b 简单轨道器：有限制的海卫一航行	3.2 简单轨道器：全程航行	3.3 简单轨道器：有限制的海卫一航行，浅表大气探测	3.4 简单轨道器：有限制的海卫一航行，部署飞越KBO的航天器	4 高性能的轨道器
1	多个ASRG失效(没有充足的电源来操作飞行器和装置)	G	G	G	G	G	G	G	Y	Y	Y	Y	Y	Y	G
2	由于任务的长期持续时间带来的飞行器可靠性的风险	Y	Y	Y	Y	Y	Y	Y	Y	Y	Y	Y	Y	Y	
3	由于硬件控制软件和导航的故障气体俘获失效使得未进入海王星轨道													Y	Y
4	气体俘获系统分离失效													Y	Y
5	由于得不到足够的DSN (34 m)导致数据丢失	G	G	G	G	G	G	G	G	G	G	G	G	G	G
6	SEP级失效								G	G	G	G	G		G
7	大气探测进入了一个科学上没有代表性的大气区域							G					G		
8	海王星自由飞行器磁场计失效					G									
9	KBO自由飞行器磁场计失效						G								
10	海王星大气探测器释放失效							G					G		

注：G—绿色，低风险；Y—黄色，中风险。

图 10-6　联合探索任务的任务风险分析结果（部分内容）

任务风险：一共有 20 个，这里只列出了 10 个。

实现风险：一共有 9 个。部分结果见表 10-6。

表 10 - 6　联合探索任务的实现风险分析结果

实现风险编号	实现风险名称	1.1 3个天体飞越，聚焦海王星	1.2 3个天体飞越，聚焦海卫一	1.3 3个天体飞越，聚焦KBO	1.4 3个天体飞越，最佳综合性	1.5 3个天体飞越，聚焦海王星，自由飞行	1.6 3个天体飞越，聚焦海王星，自由飞行，多个磁场计	1.7 3个天体飞越，聚焦KBO，转发器，磁场计	2 3个天体飞越，海王星探测	3.1a 简单轨道器，海王星玻地电	3.1b 有限制的海卫一航行（最小有效载荷）	3.2 有限制的海卫一航行	3.3 简单轨道器：全程航行	3.4 有限制的海卫一航行，浅表大气探测	4 有限制的海卫一航行，部署飞越KBO的航天器／高性能的轨道器
101	由于不能得到钚无法执行任务	Y	Y	Y	Y	Y	Y	Y	Y	Y	Y	Y	Y	Y	Y
102	KBO飞行器SEP级设计有未知的设计和验证需求													G	
103	气体俘获开发和测试的风险													Y	Y
104	大量的装置可能引起复杂的和长期的ATLO														G
105	对大型的太阳阵列的技术继承期望过于乐观								G	G	G	Y	G	G	G
106	为了获得木星引力的帮助，发射窗口受到很大的限制，可能丧失所期望的重力帮助	G	G	G	G	G	G	G	G					Y	Y
107	SSR技术可能不能像盼望的那样满足低质量、低能耗、大储存以及高的数据率的要求	G	G	G	G	G	G	G							
108	有效载荷也许不能足够快地获得数据	G	G	G	G	G	G	G							
109	ASRG的准备和加注时间的延长可能影响发射日期，降低任务的持续期和可靠性	Y	Y	Y	Y	Y	Y	Y	Y	Y	Y	Y	Y	Y	Y

注：G—绿色，低风险；Y—黄色，中风险。

图 10 - 7 是对任务体系结构选项的风险评估的统计结果。结果表明，这些选项都不同程度地出现中风险和低风险，但是没有出现高风险。风险评价的结果将在最后的集成评价中会同科学价值和成本来对任务体系结构选项进行综合评价。

体系结构按照任务风险的排序

体系结构	红	黄	绿
3.4	0	5	3
4	0	3	5
3.3	0	2	10
3.1a	0	2	5
3.1b	0	2	5
3.2	0	2	4
2	0	2	3
1.7	0	1	8
1.2	0	1	5
1.5	0	1	5
1.6	0	1	5
1.1	0	1	4
1.3	0	1	4
1.4	0	1	4

体系结构按照实现风险的排序

体系结构	红	黄	绿
3.4	0	4	2
3.2	0	4	0
4	0	3	3
2	0	3	1
3.1a	0	3	1
3.1b	0	3	1
3.3	0	3	1
1.7	0	2	3
1.6	0	2	3
1.5	0	2	3
1.4	0	2	3
1.2	0	2	3
1.1	0	2	3

任务风险与实现风险

- 任务失败/透支
- 大
- 比较大
- 比较小到比较大
- 很小

图 10 - 7　体系结构选项的风险评估的统计结果（见彩插）

10.4.6　步骤 5：估计成本

①方法

成本估计是最终对体系结构方案的集成评价的重要组成部分。由于现阶段处于概念分析阶段，目的是初步选定符合任务要求的体系结构方案，成本估计的作用在于对多个预选的体系结构方案进行比较。各个体系结构方案与将来实施的体系结构相比逼真度较差，所以可以认为此时的成本估计是对成本数量级的估计。

本研究的成本估计是使用 JPL 内部参数模型开发的。创建和维护这个模型的目的是在早期概念阶段产生成本的初步估计。最好用作粗略的费用估计，以符合正在评价的任务概念的逼真程度。使用的参数化模型有约 50 个输入参数用于整个任务，包括管理、系统工程、有效载荷、科学观测装置、任务设计和飞行系统。飞行系统的每个子系统大约有 3～5 个输入参数。所有引用的费用都符合 NASA 指定的 10 年调查基本法则。NASA 的基本法则规定所有的任务概念都将以 2015 财年（FY15）为标准计算成本，并为 NASA 规定的项目生命周期 A～D 阶段预留 50% 的成本，为 E～F 阶段预留 25% 的成本。此外，与任务体系结构相关的具体硬件或服务成本也被引用在基本规则中。

②**案例**

图 10 - 8 是对 3 个天体进行联合探索的成本分析结果。图中将成本分成了几个档次，15 亿美元的有 9 个选项，20 亿美元的有 3 个选项，25 亿美元的有 2 个选项。

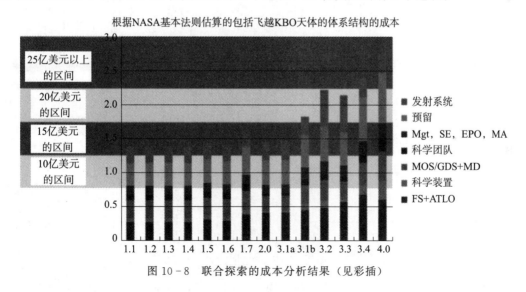

图 10 - 8　联合探索的成本分析结果（见彩插）

10.4.7　步骤 6：估计科学价值

①**方法**

科学价值估计是最终对体系结构方案的集成评估的另一个重要组成部分，它体现了体系结构方案对实现任务的科学考察目标的具体贡献。

科学价值的分析也是通过一个表格来实现的。表 10 - 7 是这种表格的一个例子，表格的左边是前面确定的科学目标，右边是各项体系结构选项对于科学目标子目标的满足程度进行的打分。0 为最低，10 为最高。在表格的下端是对打分结果的统计，它包括直接统计、加权统计和归一化统计。

②案例

表 10-7 是对体系结构选项的科学价值的评估和统计结果。该表用 3 种颜色表示了 3 种得分的档次，0 分≤低档＜4 分，4 分≤中档≤7 分，7 分＜高档≤10 分。这里将这个表转换成灰色的图形。在这个图形中，中档部分为浅灰色的单元格。低档部分为中灰色单元格，高档部分为深灰色单元格。为了给读者一个低档和高档分布的概念，用实线椭圆表示高档值出现比较集中的区域，用虚线的椭圆表示低档值出现比较集中的区域。

在表 10-7 的最下方给出了科学价值的评估结果。它们分别是：直接统计、加权统计以及归一化统计。这里采用旅行者号作为海王星和海卫一的参考任务，新视野号（New Horizons）作为 KBO 的参考任务。

图 10-9 所示为各个体系结构选项相对于参考体系结构的科学价值。其中，标号为 0 的体系结构为参考任务。

表 10-7　体系结构选项的科学价值的评价和统计结果

原来的科学目标	①：科学目标的相对重要性 在它的右侧：科学目标子目标的相对重要性	相关类别的科学价值	在类别中的目标科学价值	旅行者，作为参考	3个天体飞越，聚焦海王星	3个天体飞越，聚焦海卫一	3个天体飞越，聚焦KBO	3个天体飞越，最佳的综合性	3个天体飞越，自由飞行，聚焦海王星	3个天体飞越，自由飞行，聚焦KBO，磁场计	3个天体飞越，磁场计，转发器	海王星探测	简单轨道器：海王星及其他轨道器	简单轨道器：有限制的海卫一航行（最小有效载荷）	简单轨道器：有限制的海卫一航行	简单轨道器：全程航行	有限制的海卫一航行，浅表大气探测	有限制的海卫一航行，部署飞越KBO的航天器	高性能的轨道器
研究选项的代号				0	1.1	1.2	1.3	1.4	1.5	1.6	1.7	2	3.1a	3.1b	3.2	3.3	3.4	4	
选项的序列编号					2	3	4	1	13	11	5	6	7		15	10	9	8	
有效载荷的质量				300	60	60	60	60	60	60	60	25	25	60	60	25	60	300
科学目标				科学评估 0~10，10相对于要达到的目标为最好															
海王星		9		1.3	4.3	2.5	2.5	2.6	4.9	2.5	6.0	6.4	5.6	6.3	7.1	7.1	6.3	8.0
1.1	大气的结构、动力学、云层的进化		10	3.0	6.0	5.0	5.0	5.5	6.0	~5.8	6.0	8.5	8.0	9.0	9.0	8.0	9.0	10.0
1.2	磁层的结构、动力学和组成		8	1.0	6.0	3.0	3.0	3.0	8.0	3.0	6.0	7.0	7.0	8.0	7.0	3.5	7.0	10.0
1.3	大气的组成、同位素和惰性气体		9	0.5	3.0	5.0	3.0	3.0	2.5	3.0	10.0	10.0	3.0	8.0	3.5	4.0	3.5	5.0
2.1	内部结构和重力		7	1.0	3.0	1.0	1.0	1.0	2.5	1.0	4.0	9.0	7.0	7.0	8.0	7.0	7.0	9.0
2.3	环的组成、微粒的尺寸动力学		6	1.0	4.0	2.0	2.0	2.0	2.0	2.0	4.0	7.0	5.0	5.0	7.0	5.0	5.0	9.0
2.4	月球的组成、轨道、海卫二		5	1.0	4.0	2.0	2.0	2.0	4.0	2.0	3.0	3.0	3.0	5.0	3.0	5.0		5.0
海卫一		6		1.8	3.1	4.3	3.1	3.6	3.1	3.1	3.1	2.3	6.5	7.5	9.2	6.5	7.5	10.0
1.4	地质表面的过程、组成和现在的活动		10	2.3	3.1	3.0	3.1	3.1	3.1	3.1	3.1	6.2	6.9	6.2	6.9	10.0		
1.5	大气结构、化学成分、与表面的交互		8	2.5	3.3	4.2	3.3	4.2	3.3	3.3	3.3	3.1	5.8	7.5	9.2	5.8	7.5	10.0
1.6	内部的结构、差异和海洋		8	0.5	3.0	5.0	3.0	4.0	3.0	3.0	0.5	8.0	8.0	10.0	4.0	8.0		10.0
2.2	磁层的交互		4	2.0	3.0	4.0	3.0	4.0	3.0	3.0	2.0	6.0	8.0	6.0		10.0		
KBO天体		5		4.3	5.7	5.7	7.4	6.6	5.7	8.2	5.7	0.0	0.0	0.0	0.0	0.0	7.4	0.0
1.7	地质过程、年龄、活动、成坑		10	5.0	7.0	7.0	9.0	8.0	7.0	7.0	0.0						0.0	0.0
1.8	表面组成以及空间风化		7	5.0	7.0	7.0	7.0	7.0	7.0	9.0	0.0						9.0	0.0
2.5	主体的特性、卫星、辐射以及温度		3	4.0	4.5	4.5	6.0	5.0	4.5	7.0	4.5	0.0					0.0	
2.6	太阳风的交互、大气的作用		5	2.0	2.0	2.0	3.0	3.0	2.0	6.0	0.0						0.0	
直接统计				7.5	13.2	12.4	13.0	12.8	13.7	13.8	14.8	8.7	12.2	13.8	16.3	13.7	13.3	18.0
加权统计				1.48	2.88	2.55	2.60	2.60	3.03	2.73	3.37	2.38	2.99	3.97	3.44	4.64	4.40	
归一化统计				1.00	1.94	1.72	1.76	1.76	2.04	1.84	2.27	1.61	2.02	2.29	2.97	3.13	2.97	

10.4.8　步骤 7：集成评价

①方法

通过前面一系列的分析和评价，评价团队掌握了足够的信息，对体系结构选项从 3 个

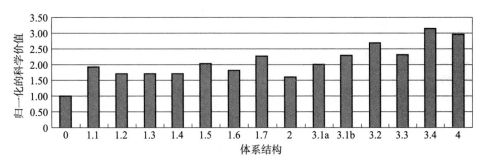

图 10 - 9　各个体系结构选项相对于参考体系结构的科学价值

方面进行综合评价。这 3 个方面是结构选项可能实现的科学价值、体系结构选项的估计成本以及它们在实现过程中和将来执行任务中可能出现的风险。集成评价的结果如图 10 - 10 所示。图中的纵坐标和横坐标分别代表体系结构选项的相对科学价值和成本。图中小长方块所在的位置表示各个体系结构选项的相对科学价值和成本的值，旁边的数字代表体系结构选项的代号。小长方块由两个小方块组成。左边的小方块表示该体系结构选项的任务风险，右边的小方块表示该体系结构选项的实现风险。它们的颜色代表风险的大小。这些体系结构选项在科学价值成本空间中的散布趋势与常规的理解是相符的。也就是说，获得相对科学价值越大的体系结构选项，需要的成本也越大。研究团队可以根据这些量化的科学价值、成本和风险选取少量几个体系结构选项进行进一步的分析和评价，从而决定出下面开展点设计的体系结构选项。

②案例

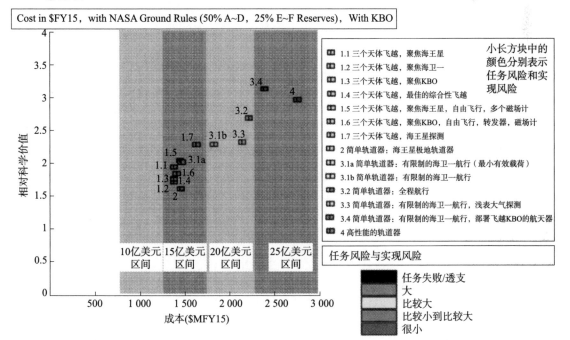

图 10 - 10　集成评价的结果（见彩插）

10.4.9　对该应用案例研究结果的小结

表 10-8 给出了本次研究结果的总结。参考文献［3］中的表格包括全部 14 个体系结构选项的情况，这里只给出了 3 个选项。表格包括两部分内容，一部分是根据科学目标的要求筛选出来的 14 个体系结构选项，并分别给出了它们的主要参数：轨道、有效载荷的配置、发射运载器、推进系统的种类等；另一部分是根据科学目标要求实现的科学价值以及体系结构的组成，对这些体系结构选项可能实现的科学价值、估计的成本以及可能出现的风险程度进行评价的结果。这些信息供进一步分析和点设计使用。表 10-8 风险部分的 G 表示绿色，即低风险。

表 10 - 8　对该应用案例研究结果果的总结

体系结构概要情况	体系结构参数										评价结果			
	轨道	主要元素	次要元素	有效载荷配置	放射性同位素数量	发射时间（年）	发射运载器	推进系统	海王星到达时间（年）	KBO 到达时间（年）	科学价值	成本/10 亿美元	任务风险	实现风险
三个天体飞越，聚焦海王星	三个天体飞越，没有其他聚焦	飞越航天器		中等	4	2018	Atlas V 521	化学	11	15	1.9	1.5	G	G
三个天体飞越，聚焦海卫一	三个天体飞越，海卫一聚焦	飞越航天器		中等	4	2018	Atlas V 521	化学	11	15	1.7	1.5	G	G
三个天体飞越，聚焦 KBO	三个天体飞越，KBO 聚焦	飞越航天器		中等	4	2018	Atlas V 521	化学	11	15	1.9	1.5	G	G

参 考 文 献

［1］ 2001 Space Missions Trade Space Generation and Assessment using the JPL Rapid Mission Architecture (RMA) Team Approach.

［2］ 20017 The JPL "A－Team" and Mission Formulation Process.

［3］ 2010 Mission Concept Study, Planetary Science Decadal Survey, JPL Rapid Mission Architecture, Neptune－Triton－KBO Study Final Report.

［4］ 2014 Exploring Mission Concepts with the JPL Innovation Foundry A－Team.

［5］ 2016 Exploring the Science Trade Space with the JPL Innovation Foundry A－Team.

第 11 章　ROSETTA 方法（美国乔治亚理工学院）

11.1　ROSETTA 方法介绍

方法名称：对技术和运输体系结构进行评价的降阶仿真方法（Reduced Order Simulation for Evaluation of Technologies and Transportation Architectures，ROSETTA）；

提出的时间：20 世纪 90 年代；

提出的机构或个人：美国乔治亚理工学院，后由 SpaceWorks 工程公司进行改进；

主要应用领域：航天运输系统；

主要作用：概念设计与评价。形成并评价航天运输系统的概念方案，给出确定性的排序结果或者确定性的和概率性的综合性结果。后者是将系统研发过程中的不确定因素考虑进去；

评价原理：在航天飞行器各个专业的模型或者其简化模型的支持之下将运输器影响因子（即系统的技术特性）转化为系统的品质因素（FOM）。为了考虑系统的不确定性，采用概率模型和蒙特卡罗仿真的方法获取概率性的品质因素；

所需要的系统模型和工具支持：专业模型的例子见表 11 - 1。

表 11 - 1　专业模型举例

专业模型	模型名称	研发机构
轨道	POST 3 - DOF	NASA LaRC
重量	GT - Sizer CONSIZ MERs	乔治亚理工学院
运行	AATe	NASA KSC
成本	NAFCOM	NASA Marshall
经济性	CABAM	乔治亚理工学院
安全性	GT - Safety	乔治亚理工学院

其他工具和方法的支持：蒙特卡罗仿真工具（如晶体球），OEC（整体评价准则）方法；

掌握的难度：较大；

特点：是专门为航天运输系统研发的任务概念权衡方法，可在权衡中考虑到系统的不确定性。

ROSETTA 的全称是对技术和运输体系结构进行评价的降阶仿真方法。其中，技术和运输体系结构实际上指的是空间技术和空间运输系统的体系结构，降阶意味着简化和加速，仿真意味着采用蒙特卡罗仿真方法对技术和系统出现的不确定性进行分析和评价。从这个方法的名称可以看出，它是专门为航天技术和航天运输体系结构的评价而开发的。

NASA 马歇尔先进空间运输项目所资助的集成技术评价中心采用该方法对单级入轨、第 3 代 RBCC 概念、空间拖船、太阳帆以及一些第 2 代可重用运载火箭进行建模。该方法在它开发的早期被称作健壮的设计仿真（Robust Design Simulation）。

ROSETTA 方法的一个特点是采用响应面方程来代替原有的运载器专业的设计模型。响应面方程是一种多项式级数，它的运算结果近似于原有的运载器专业设计软件，但是其运算速度非常快。所以，ROSETTA 用户可以使用蒙特卡罗模拟技术将输入的不确定性表示为概率分布，结果输出是累积和频率概率分布，而不仅是每个输出度量的简单确定性值。虽然 ROSETTA 方法也可以单独使用，但是在许多情况下被集成在乔治亚理工学院开发的 ATIES 方法中，作为该方法的核心部分。与其他的概念选择方法相比，ATIES/ROSETTA 方法的重点不在于开发一个新的概念，而是在已有概念设计的基础上，选择一些新的技术来改善原有概念设计的效能。

11.1.1　方法分解的说明

这一节将 ROSETTA 方法的形成过程分解开来进行说明。下一节再将此方法做一个总体性的说明。

（1）评价的目的

评价的目的是在某个已有系统的基础上，通过引进若干种新技术形成一种更高效能的、新的系统概念。这个已有系统的概念称为基线概念。评价新技术的准则是品质因素（FOM）。所以，首先要确定基线概念，由基线概念选择一些新技术，在此基础上确定 FOM。它的关系如图 11-1 所示。

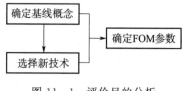

图 11-1　评价目的分析

绩效是项目利益相关者评价一个产品或者一个系统的满意程度的一种度量。这里用 FOM 来表示。

这里给出运载器的几个 FOM 的例子：

1）运载器的重量及尺寸；

2）生命周期成本（LCC）/成本风险；

3）操作周转时间（TAT）/响应时间；

4）任务损失（LOM）/人员损失（LOC）的概率。

新技术是根据基线概念的设计和技术的发展，在预期的时间内可供使用的、可望提高基线概念绩效的新技术。对新技术可供使用的标准是技术成熟度达到 6 级。

（2）新技术影响 FOM 的中间过程

要直接分析新技术对绩效 FOM 的影响是困难的，必须通过一种中间变量，即运载器影响因子（VIF）。而 VIF 对绩效 FOM 的影响又是通过各专业的分析软件计算出来的。在新技术与 VIF 之间，还有两项活动要开展。这里标示为 A_1 和 A_2，在输出 FOM 之后还有一项活动 A_3 要进行，如图 11-2 所示。它们将在下面进行说明。

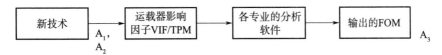

图 11-2　新技术对 FOM 影响的中间过程

在传统的系统工程中采用 TPM 对技术性能进行度量。在这里，VIF 和 TPM 是两个同义词，TPM 是通用的叫法，VIF 是乔治亚理工学院的专用叫法。

所谓 VIF，就是那些直接影响运载器绩效的设计因素，如发动机的比冲 isp。在传统航天系统研发过程中，已经积累了很多经验来确定 VIF 清单。

TPM 属于系统中技术度量中的一种。技术度量包括 3 个层次：有效性度量（Measures of Effectiveness，MOE）、性能度量（Measures of Performance，MOP）、技术性能度量（Technical Performance Measures，TPM）。

以下是一个 MOE、MOP 和 TPM 协同工作的简单例子：

1）MOE：要求一个数据处理系统在处理特定任务关键功能时不会失败。它表示用户的要求。

2）MOP：是系统至少能够提供 100 h 不间断计算（通常会有多个 MOP 与一个 MOE 对应）。它表示将用户的要求转化为技术性能指标。

3）TPM：与这个 MOP 对应的 TPM 则可能包括容错性、冗余和故障率。它表示实现技术性能指标的技术手段。

这是一个将用户的要求按照两个层次转化为系统的设计因素的过程。

（3）各专业的分析软件

一些专业分析软件可以根据 TPM 来预测或者计算系统的绩效 FOM。表 11-1 给出了 ROSETTA 方法中使用的已有软件的例子。为了预测系统的绩效 FOM，这些软件采用了顺序执行和反向迭代等方式。它们之间的这种关系可以用设计结构矩阵（DSM）来描述。表 11-2 给出了乔治亚理工学院在 ROSETTA 方法中采用的一些专用软件。

表 11 - 2　专业分析软件举例

专业	软件
气动	APAS（S/HABP）
CAD/包装	I - DEAS
推进（火箭）	SCORES
推进（火箭基组合动力循环）	SCCREAM
轨道	POST（3 - DOF）
气动热和热防护系统	T - CAT/Miniver/TPS - X
质量特性	Excel - based MERs
运行和设施	AATe/RMAT/OCM
安全性和可靠性	GT Safety/Prism
成本和经济学	CABAM/NAFCOM

　　图 11 - 3 表示的是一个用 DSM 表达的 ROSETTA 模型的例子。其中，J、K、L、M、N、O 为模型的输入，它们就是 VIF/TPM。P、Q、R、S、T 为模型的输出，它们就是 FOM。

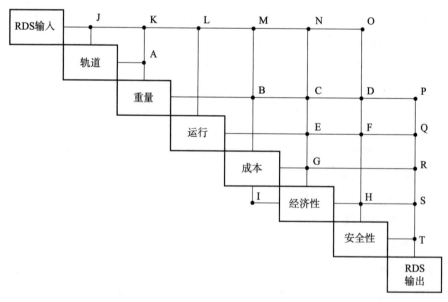

图 11 - 3　表达 ROSETTA 模型的 DSM

　　但是大多数工程学科设计工具不能直接合并到 ROSETTA 模型中，这些设计工具必须简化为基于电子表格的分析，通常采用响应面方程（Response Surface Equation）来完成这种转换。

　　ROSETTA 模型是基于微软 Excel 表单的工具。它按照 DSM 所给出的关系，集成了经过简化和适应性修改的多个专业软件，再加上输入表单和输出表单就形成了整个 ROSETTA 模型，可以直接输出确定性的各个 TPM 值。为了完成对概率性的输入变量的评价，它还需要蒙特卡罗仿真工具的支持。乔治亚理工学院采用的是"晶体球"工具。对概率性的输入变量评价需要进行 1 000 次的随机采样，得到概率性的输出数据。晶体球工具可以给出各个 FOM 概率分布的特征值，它们包括均值、中间值、方差以及 80％可信度的值。

专业软件加速运行的方法

①响应面方法的原理

　　一般来说，传统的系统工程分析工具运行都比较费时。根据分析工具的不同保真度，一次迭代设计过程可能需要几个小时到几天的时间，但是 ROSETTA 方法采用蒙特卡罗仿真方法来分析系统的不确定性。这种方法为了得到一个输出，需要运行工具软件大约 1 000 次。于是传统的系统工程分析工具是不适用于 ROSETTA 方法的。需要寻求一种既能保证一定的分析准确性，又能够快速运行的方法，这里采用的是响应面方法（Response Surface Methodology）。

　　采用响应面方法代替原来的专业分析软件的原理是：采用一组多项式级数来逼近专业分析软件的输入与输出的复杂关系。这种逼近方法就像是采用泰勒级数来逼近一个任意曲线一样。多项式级数的长短选择要考虑到在逼近的准确性与运算的复杂性之间找到一种平衡。在 ROSETTA 方法中，通常采用二次多项式作为响应面方程。如下式所示，Y 为响应面方程的输出，x_i 为响应面方程的输入，也就是要逼近的专业分析软件的输入。

$$Y = a_0 + \sum_{i=1}^{n} a_i x_i + \sum_{i=1}^{n} a_{ii} x_i^2 + \sum_{i=1}^{n-1} \sum_{j=i+1}^{n} a_{ij} x_i x_j$$

　　响应面方程（RSE）中的系数（a_0, a_i, a_{ii}, a_{ij}）是通过设计一种试验，运行原有的专业分析软件，然后进行最小二乘回归分析得到的。在 ROSETTA 方法中，这种试验的设计采用的是一种专门的方法，即"试验设计法"（Design of Experiments），简称为 DOE。将拟合出来的系数代入上述方程，该方程就可以替代原有的专业分析软件。显然这种多项式的计算比原有的专业分析软件要快得多。

②响应面方法的效果

　　如果执行蒙特卡罗模拟此性能过程 2 000 次，那么全保真过程与响应面方程在运算速度与计算结果精确度方面的对比如下：

　　1）全保真过程大约需要 8.3 天。

　　2）RSE 轨迹大约需要 22.2 h。

　　3）采用 RSE 方法的 RSE POST 模型计算总提升重量（GLOW）的结果比全保真度方法仅高出 0.8％，计算干重比全保真度方法仅高出 0.65％。

（4）新技术的预选和组合 A_1

　　回想一下前面图 11 - 2 中还有两个中间环节，即 A_1 和 A_2。现在先讨论一下 A_1 的问题，新技术对基线体系结构的影响是通过新技术组合实现的。如何对新技术进行筛选，形成新技术组合，就是图中 A_1 要完成的任务。

基线概念的设计要通过融入新的技术来提高它的绩效，通常不能采用一个新技术来实现，而采用多个新技术的组合。

A_1 的任务：在分析新技术对 TIF 的影响之前，还要对新技术进行初步的筛选。这种筛选包括通过技术兼容性分析对单个技术进行筛选以及通过经济约束来对组合技术进行筛选，如图 11-4 所示。

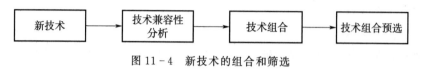

图 11-4　新技术的组合和筛选

技术兼容性分析采用技术兼容性矩阵的方法，对单个技术进行两两之间的兼容性判断。如果发生不兼容的情况，就应该删掉其中的一些技术。新技术经过技术兼容性分析之后便可以形成若干种技术组合。这些组合再经过经济约束进行技术组合的预选。经济约束的方法是考虑到对组合技术研发经费支持的上限，采用每年最大的支持费用和累积的支持费用进行筛选。累积的支持费用是将新技术或者新技术组合从技术成熟度发展到技术成熟度 6 级所需要的费用。

（5）新技术对运载器影响因子的影响 A_2

在图 11-2 中还有一个中间环节 A_2，它被用来分析新技术对运载器影响因子的影响，这种影响称为技术影响因子（K 因子）。K 因子以正负百分数的方式表示某项技术的使用对运载器影响因子产生正的影响或者负的影响，例如一项技术对比冲的影响是 +10%，则表示这项技术的使用将增加 10% 的比冲。一个 K 因子可能对多个运载器影响因子产生影响，一个运载器影响因子可能受到多个 K 因子的影响。

考虑到新技术在研发过程中的一些不确定因素，K 因子可以是确定性的值，也可能需要用一个概率分布来表示。ROSETTA 常用的概率分布是三角形的分布。新技术的 K 因子无论是确定性的还是概率的，都由专家根据经验确定。

还有一种不确定性需要考虑的是飞行器的性能和管理变量的不确定性，它们是在设计和开发过程中产生的，被称为噪声影响因子（N 因子），它表现为运载器影响因子的不确定性。它与所采用的技术无关，所以是通用的，也采用三角形的概率分布。它们之间的关系如图 11-5 所示。

（6）形成输出的 FOM

在确定了 K 因子和 N 因子之后，运载器影响因子就在这两个影响因子的驱动下输入 ROSETTA 模型中。运行 ROSETTA 模型就可以得到输出的 FOM。不同的技术组合就可以得到一组不同的 FOM 值。ROSETTA 模型分为两种情况：确定性的输入产生确定性的 FOM，概率性的输入产生概率性的 FOM。当概率性输入时，要采用蒙特卡罗仿真工具产生 1 000 个输入，得到 FOM 的概率分布。为了比较确定性的输出与概率性的输出，可以

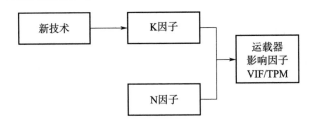

图 11-5　新技术对运载器影响因子的影响

采用 FOM 概率中的 80% 可信度的对应值与确定性的输出值进行比较。从 ROSETTA 模型输出的 FOM 可以看出不同的技术组合获得不同的 FOM 结果，可以对比不同的技术组合对不同的 FOM 参数的影响程度。图 11-6 给出了从新技术开始一直到获得输出的 FOM 的全过程。

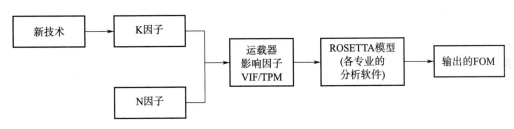

图 11-6　形成 FOM 结果的过程

(7) 将输出的多个 FOM 组合成单一的评价度量 A₃（图 11-7）

图 11-7　多个 FOM 组合成单一的评价度量

在图 11-2 中还有一项 A₃ 任务需要介绍。在获得了输出的 FOM 之后还不能立即形成评价结论，需要将多个 FOM 组合成单一的评价度量。对技术组合的最终选定应该根据它们对系统绩效的贡献来确定，但是系统的绩效是由多个参数组成的。对于技术评定的结果，不同的客户可能有不同的侧重，例如国防机构的用户可能强调系统的性能和运行，而将成本或者安全性放在次要的位置。NASA 的用户可能把安全性和成本放在第 1 位，所以最佳技术组合的选择取决于所选择的加权模式。确定了各种加权模式的权重以后，就可以采用下列公式获得整体评价准则的值 OEC。OEC 的原意是整体评价准则。

$$OEC = W_{perf} \cdot N_{perf} + W_{cost} \cdot N_{cost} + W_{ops} \cdot N_{ops} + W_{safe} \cdot N_{safe}$$

式中　W ——FOM 组成部分的权重；

　　　N ——归一化的 FOM 值；

　　　Perf ——性能；

　　　cos$t$ ——成本和经济性；

　　　ops ——发射基地运行；

　　　safe ——安全性和可靠性。

11.1.2　ROSETTA 方法小结

在上面多个过程分析的基础上，现在将 ROSETTA 方法的执行步骤归纳成以下 3 个部分：

（1）评价准备

评价准备首先确定基线概念，它是采用 ROSETTA 方法提高其绩效的对象。然后根据基线概念的设计，选择一批改善其绩效的新技术。为了评价和比较这些新技术对基线概念设计的效果，需要根据基线概念明确系统的绩效参数。另外，在分析过程中新技术不能直接对基线概念产生影响，需要通过一组中间参数来实现，这组中间参数就是运转器影响因子（VIF）或者叫作技术性能度量（TPM），如图 11-8 所示。它也需要根据基线概念的设计来确定。

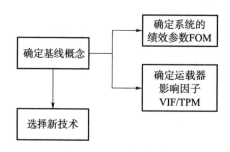

图 11-8　评价的准备过程

（2）新技术初步筛选和形成技术组合

新技术的初步筛选通过技术兼容性分析和支持技术研发的经费预算上限来进行，新技术形成技术组合的过程如图 11-4 所示。

（3）评价的实施

评价的实施过程包括形成 K 因子和 N 因子以及构建 ROSETTA 模型。模型的实施过程包括受到 K 因子和 N 因子影响的运载器影响因子，通过 ROSETTA 模型产生相应的 FOM 参数数值，然后通过 OEC 形成单一的评价度量，如图 11-9 所示。

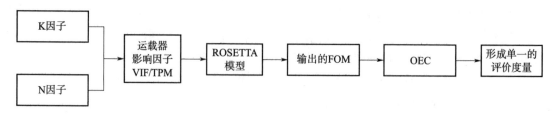

图 11-9　评价的实施过程

将上面 3 个过程综合起来，就形成了 ROSETTA 方法的全过程，如图 11-10 所示。图中的"确定 FOM 参数"与 ROSETTA 模型相连接的原因是 ROSETTA 的建模要考虑到 FOM 的要求，以能够在输入运载器影响因子的条件下输出所需要的 FOM 结果。

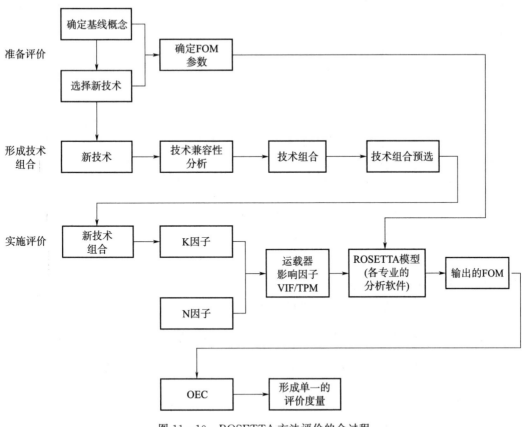

图 11 - 10　ROSETTA 方法评价的全过程

11.2　航天应用案例（7 个）

下面是 ROSETTA 方法在航天任务中应用的案例，按照论文发表的时间顺序排列：

(1) 文献题目：水平发射：一个确保空间使用权的通用概念 NASA - DARPA 水平发射研究报告

作者单位：NASA 和 DARPA；

发表时间：2012 年；

所属领域：运载火箭；

分析对象：机载发射火箭。收集了以往将近 60 年美国和其他各国的研究情况，归纳了 136 个概念。采用 AHP 的方法选出了 18 个有代表性的概念，这些概念分别包括运载飞机和运载火箭，确定了包括 4 个大项和 16 个小项的 FOM 以及它们的权重。利用这些FOM 又选出了 4 个概念，这 4 个概念采用形态矩阵的方法形成了 1 365 个不同的配置方案。配置的变量包括运载飞机的种类、运载火箭各级是否可重用、推进剂的种类、运载火箭的级数和发动机的数目等。这些组合配置采用 ROSETTA 方法进行了权衡，选出了 3种最有希望的配置。为了进一步验证这 3 种配置方案的可行性，又对它们进行了点设计。

(2) 文献题目：在不确定性情况下的工程分析技术——案例 2：可重用吸气式运载火箭技术评估问题

作者单位：SpaceWorks 工程公司；

发表时间：2011 年；

所属领域：运载火箭；

分析对象：对可重用吸气式涡轮机组合循环推进的运载火箭技术进行了评价，选择了 19 项用于助推器、轨道器和发射场地的技术。评价和比较了它们与基线技术在总发射重量、场地周转时间、响应时间、任务失败的概率和生命周期折现成本等 5 个方面的改进结果。

(3) 文献题目：降阶的月球登陆器模型的快速体系结构分析

作者单位：乔治亚理工学院；

发表时间：2007 年；

所属领域：空间运输系统；

分析对象：对月球登陆器的体系结构进行了分析。

(4) 文献题目：ALSO 资源：采用已有的空间资产建立月球基地的独立评价

作者单位：乔治亚理工学院；

发表时间：2003 年；

所属领域：探月；

分析对象：提出一种在航天飞机的基础上修改而形成的月球基地的方案，分别采用确定性的和概率性的模型对方案进行可行性分析。

(5) 文献题目：ATIES 方法在火星轨道基地的太阳帆船结构上的应用

作者单位：SpaceWorks 工程公司；

发表时间：2002 年；

所属领域：空间运输系统；

分析对象：太阳帆船包括太阳电推进（SEP）的空间运输系统、火星可重复使用运载器（MREV）、过境/轨道和表面栖息系统 3 个部分。选取了碳纳米管结构、三重连接的光伏阵列和超导 PMAD 3 种技术来提高系统的效能，这 3 种技术组合起来形成了 8 种方案，采用 ROSETTA 方法对这 8 种方案进行了分析和排序。

(6) 文献题目：ROSETTA 建模过程用于先进的空间运输技术投资的导论

作者单位：SpaceWorks 工程公司；

发表时间：2001 年；

所属领域：可重用运载火箭；

分析对象：选择 Bimese TSTO 作为基线概念。选择 5 种典型的第 2 代可重用运载火箭技术，采用经费约束对这 5 种技术的 32 种组合进行初步筛选，留下 18 种技术组合。确定 18 个运载器影响因子（VIF），集成 6 个专业学科的数学模型，采用 ROSETTA 对这 18

种技术组合进行确定性的和概率性的评价。

（7）文献题目：采用 ATIES 方法为可重用运载火箭发展先进的空间运输技术进行排序

作者单位：乔治亚理工学院；

发表时间：2000 年；

所属领域：运载火箭；

分析对象：选择乔治亚理工学院开发的第 3 代可重用运载火箭 Hyperion 作为基线概念。从 NASA 为空间航班 100 项目提供的技术清单中选出了 11 项待引入的技术，采用 TOPSIS 筛选出了 10 种技术组合。最后设计了 11 种应用场景，代表了用户对系统效能的不同强调，例如有的应用场景强调毛重和生命周期成本，有的强调任务的安全性。采用 OEC 方法，对不同的场景采取不同的权重，从而获得了前 10 名的技术组合在这 11 种不同场景下的排序。

（8）SpaceWorks 工程公司于 2011 年自己总结的 ROSETTA 方法的应用（表 11 - 3）

部分内容已在上面提及。

表 11 - 3　SpaceWorks 工程公司自己总结的 ROSETTA 方法的应用

项目名称	时间(年)	运载器概念
SWARM	2001	太阳电推进的空间拖船
Hyperion	2001	两级入轨：ESJ RBCC 系统
ACRE92	2001	两级入轨:火箭推动的可重用系统
Bimese	2001	两级入轨:两个完全相同的可重用火箭推动的运载器
REACTION	2003	外行星核电推进探索运载器
Sentinel	2005	两级入轨:不可重用上面级的 RBCC 助推器
QuickSat	2005	两级入轨:不可重用上面级的 TBCC 助推器
ARES Hybrid OS	2006	两级入轨:带有两级火箭上面级的可重用涡轮机＋火箭助推器
ARES Spiral - 1	2006	两级入轨:带有上面级的火箭助推器
ARES Spiral - 2	2006	两级入轨:带有不可重用火箭上面级的 TBCC 助推器
Foresight	2007	对近地小行星建议的任务
Ares V	2009	星座计划大推力运载器
JSS Technology Assessment	2010	两级入轨:带有可重用火箭上面级的 TBCC 助推器

11.3　航天应用案例研究：两级入轨可重用运载火箭

（1）案例研究的简要情况

文献题目：ROSETTA 建模过程用于先进的空间运输技术投资的介绍；

作者单位：美国 SpaceWorks 工程公司（与乔治亚理工学院关系密切）；

发表时间：2001 年；

项目背景：为了发展未来的空间运输系统，必须开发新的先进技术。在有限的资金条件下，决策者需要一种低投入的、及时的、健壮的方法来对先进的空间运输技术投资进行优先性排序。该公司和乔治亚理工学院共同提出和发展的 ROSETTA 方法，将健壮的设计仿真方法与技术排序方法结合起来，评价与未来的空间运输系统相关联的项目成本、工期、安全性和性能的不确定性。本案例将这套方法应用于一种两级入轨、可重用运载火箭上，该火箭的基础是 NASA 兰利研究中心提出的 Bimese 概念。

两级入轨可重用运载火箭是由两个外形相同的助推器与轨道器捆绑在一起形成的，如图 11 - 11 所示。

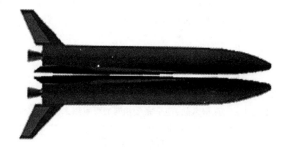

图 11 - 11　两级入轨可重用运载火箭的概念图

研究结果：对 5 项新技术组合的优先性进行了排序；

权衡方案的方法：ROSETTA。

（2）步骤

本案例的权衡过程按照第 11.1.2 节"ROSETTA 方法小结"的步骤开展。

第 1 步：评价准备（图 11 - 12）

①确定基线概念

选取的是 Bimese TSTO RLV 两级入轨可重用运载火箭。

②选择新技术

选择 5 种典型的第 2 代可重复使用运载火箭技术在 Bimese TSTO 运载火箭上进行评价：

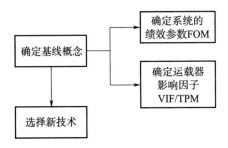

图 11 - 12　评价准备

- 长寿命、高 T/W 火箭发动机；
- Ti/Al - SiC 金属基复合材料（MMC）机身；
- 自愈合、坚固的热防护系统（TPS）材料；
- 致密燃料（泥氢）；
- 石墨/环氧树脂，无衬垫的储备罐。

③确定系统的绩效参数 FOM（ROSETTA 的输出）

- P：飞行器的长度；
- Q：地面周转时间（TAT）；
- R：研发成本；
- S：重复性的净现值。

④确定运载器影响因子（共 18 个）

- ISP _ vac：助推器和轨道飞行器；
- 阻力损失和 TVC（推力向量控制）损失：助推器和轨道飞行器；
- 机翼和尾翼重量、机身重量和 TPS（热防护系统）重量；
- 推进剂贮箱的重量；
- 发动机推力/重量；
- 分系统重量和起落架重量；
- 设施成本；
- 机身 DDT&E 成本；
- 发动机 DDT&E 成本；
- 机身采购成本；
- 发动机采购成本；
- 飞行器每次飞行的费用；
- DDT&E 通用 b/w 级：机身和发动机；
- 助推器/轨道飞行器地面周转时间；
- 助推器/轨道飞行器机身寿命；
- 助推器/轨道飞行器发动机寿命；
- LH2 推进剂成本；

- 整体的可靠性（MTBF）和单发动机可靠性（MFBF）。

第 2 步：新技术初步筛选和形成技术组合（图 11 - 10）

技术兼容性检查和技术组合筛选：经专家检查，这 5 项技术是兼容的，5 个单项技术的组合数是 32 个。采用每年和累积经费支持的限制，将它们筛选到 18 个技术组合。被筛选掉的 14 个技术在表 11 - 4 中用符号×表示。

表 11 - 4　对技术组合的筛选

技术	符号
长寿命高 T/W 火箭发动机	A
Ti/Al - SiC MMC 机身	B
自我修复坚固的热防护系统材料	C
强化的燃料	D
石墨/环氧树脂,无衬垫的储备罐	E

	试验设计					每年技术组合成本					5 年总共组合成本
	技术 A	技术 B	技术 C	技术 D	技术 E						
1						0	0	0	0	0	0
2	1					40	40	50	60	60	250
3		1				30	30	40	40	40	180
4			1			10	10	10	10	10	50
5				1		10	10	15	15	20	70
6					1	10	10	10	10	10	50
7	1	1				70	70	90	100	100	430 ×
8	1		1			50	50	60	70	70	300
9	1			1		50	50	65	75	80	320 ×
10	1				1	50	50	60	70	70	300
11		1	1			40	40	50	50	50	230
12		1		1		40	40	55	55	60	250
13		1			1	40	40	50	50	50	230
14			1	1		20	20	25	25	30	120
15			1		1	20	20	20	20	20	100
16				1	1	20	20	25	25	30	120

续表

	试验设计					每年技术组合成本					5 年总共组合成本
	技术 A	技术 B	技术 C	技术 D	技术 E						
17	1	1	1			80	80	100	110	110	480 ×
18	1	1		1		80	80	105	115	120	500 ×
19	1	1			1	80	80	100	110	110	480 ×
20	1			1	1	60	60	75	85	90	370 ×
21	1		1		1	60	60	70	80	80	350 ×
22	1			1	1	60	60	75	85	90	370 ×
23		1	1	1		50	50	65	65	70	300
24		1	1		1	50	50	60	60	60	280
25		1		1	1	50	50	65	65	70	300
26			1	1	1	30	30	35	35	40	170
27	1	1	1	1		90	90	115	125	130	550 ×
28	1	1	1		1	90	90	110	120	120	530 ×
29	1	1		1	1	90	90	115	125	130	550 ×
30	1		1	1	1	70	70	85	95	100	420 ×
31		1	1	1	1	60	60	75	75	80	350 ×
32	1	1	1	1	1	100	100	125	135	140	600 ×

第 3 步：评价准备过程以及评估的实施（图 11 - 9）

①新技术对运载器影响因子的影响

以第 1 项技术为例，说明 K 因子的分布情况。第 1 项技术的 K 因子分布见表 11 - 5。

表 11 - 5　长寿命、高 T/W 发动机的 K 因子

飞行器影响因子	最小值（%）	中值（%）	最大值（%）
助推器真空比冲	99.5	100.5	101.5
轨道器真空比冲	99.5	100.5	101.5
发动机推力/重量	115.0	125.0	150.0
发动机研发	90.0	110.0	150.0
发动机成本	80.0	110.0	150.0
地面周转时间	95.0	100.0	105.0

续表

飞行器影响因子	最小值(%)	中值(%)	最大值(%)
发动机寿命	100.0	150.0	200.0
发动机可靠性	100.0	150.0	200.0

对 N 因子的假定见表 11 - 6。

表 11 - 6　对 N 因子的假定

飞行器影响因素	最小(%)	最有可能(%)	最大(%)
真空比冲：助推器和轨道器	99.0	100.0	101.0
阻力损失和 TVC 损失：助推器和轨道器	90.0	100.0	115.0
机翼和机尾的重量/机身的重量/热防护的重量	95.0	100.0	105.0
推进剂贮箱的重量	95.0	100.0	115.0
发动机的推力/重量	80.0	100.0	110.0
分系统的重量以及底盘的重量	80.0	100.0	125.0
设备成本	50.0	100.0	200.0
机身研发成本	65.0	100.0	135.0
发动机研发成本	75.0	100.0	200.0

②集成的各专业分析软件工具

6 个学科工作表和它们所基于的离线模型包括：

1) **轨道**（后 3 自由度，NASA LaRC）：在 POST - 3D 基础上推导形成的模型。

2) **重量**：重量模型是乔治亚理工学院在 NASA 兰利研究中心的模型基础上开发的 MERs 质量估计关系模型。

3) **运行**：在 NASA 肯尼迪航天中心的增强体系结构评价工具 AATe 基础上开发的模型，然后将它转换为 RSE。

4) **成本**：在 NASA 和美国空军的成本模型 NAFCOM 基础上形成的成本估计关系模型 SERs。

5) **经济性**：基于乔治亚理工学院开发的 CABAM 模型。

6) **安全性**：基于乔治亚理工学院开发的 GT - Safety 工具。

其中的运行模型采用了响应面方法。

图 11 - 13 的设计结构矩阵描述了在 ROSETTA 模型中这 6 个学科模型之间的关系。

③形成输出的 FOM

表 11 - 7 所示为技术组合的确定性结果的部分数据，表格中采用√符号表示在给定输出中的最好值。

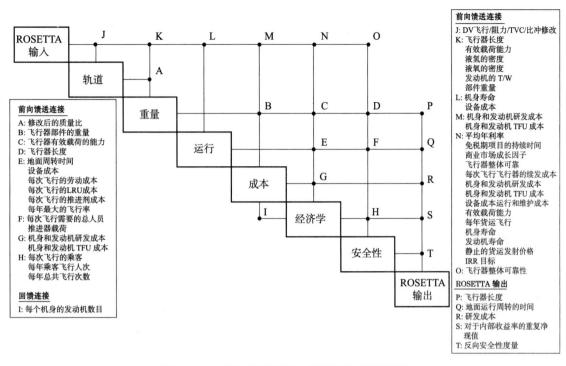

图 11-13　表达 ROSETTA 模型的设计结构矩阵

表 11-7　技术组合的确定性结果的部分数据

组合	毛重	续发成本	周转时间	每磅价格	每年事故率
notech	5 988 898	11.84	76.65	9 570.1	3.484E−02
TechA	5 429 470	11.14	74.68	8 670.1 √	2.187E−02
TechB	5 726 038	11.25	75.63	8 949.4	3.305E−02
TechC	5 988 898	10.70	76.65	9 654.5	3.484E−02
TechD	5 526 130	13.21	73.21	9 484.6	3.482E−02
TechE	5 988 898	11.84	76.65	9 570.1	3.484E−02
TechA_C	5 429 470	10.07 √	74.68	8 865.8	2.155E−02 √
TechA_E	5 429 470	11.14	74.68	8 670.1 √	2.187E−02
TechB_C	5 726 038	10.17	75.63	9 163.2	3.254E−02
TechB_D	5 302 274 √	13.12	72.41 √	9 298.0	3.220E−02
TechB_E	5 726 038	11.25	75.63	8 949.4	3.305E−02
TechC_D	5 526 130	12.44	73.21	9 760.9	3.482E−02
TechC_E	5 988 898	10.70	76.65	9 654.5	3.484E−02
TechD_E	5 526 130	13.21	73.21	9 484.6	3.482E−02

续表

组合	毛重	续发成本	周转时间	每磅价格	每年事故率
TechB_C_D	5 302 274 √	11.85	72.41 √	9 455.5	3.190E−02
TechB_C_E	5 726 038	10.17	75.63	9 163.2	3.254E−02
TechB_D_E	5 302 274 √	13.12	72.41 √	9 298.0	3.220E−02
TechC_D_E	5 526 130	12.44	73.21	9 760.9	3.482E−02

根据 OEC 形成确定性的和概率性的单一评价度量结果，如图 11 - 14 所示，深色线条表示确定性的结果，浅色线条表示概率性的结果。

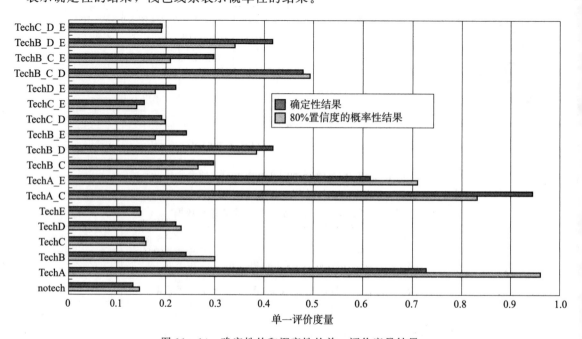

图 11 - 14　确定性的和概率性的单一评价度量结果

11.4　对 ROSETTA 方法的讨论

由于能力和时间所限，笔者在这里提出几个问题，希望读者在阅读本章内容时予以关注。

1）该应用案例中组成 ROSETTA 的 6 个专业模型，只看到了运行模型采用响应面方法，其他 5 个专业模型都没有看到采用这种转换。据 ROSETTA 方法介绍，正是因为使用了响应面方法，使得蒙特卡罗仿真快速运行。那么其他 5 个专业模型是否会影响蒙特卡罗仿真运算的速度？

2）ROSETTA 的一个特点是可以考虑不确定性，包括 K 因子的不确定性和 N 因子的不确定性。在工程实践中，这两种不确定性到底是由什么因素引起的？它们的必要性何在？

3）在 ROSETTA 方法中，上述不确定性都是采用三角形的概率模型进行建模的。在工程实践中，它的参数应该如何确定？

4）案例中分别产生了确定性的权衡结果和随机性的权衡结果。这两组结果如何综合起来使用？概率性的权衡结果的物理意义是什么？

参 考 文 献

[1]　2001 An Introduction to the ROSETTA Modeling Process for Advanced Space Transportation Technology Investment.

[2]　2011 Techniques for Engineering Analysis in the Presence of Uncertainty.

[3]　2000 Prioritization of Advanced Space Transportation Technologies Utilizing the Abbreviated Technology, Identification, Evaluation, and Selection (ATIES) Methodology for a Reusable Launch Vehicle (RLV).

[4]　2012 A Versatile Concept for Assured Space Access: Report of the NASA – DARPA Horizontal Launch Study.

[5]　2011 Techniques for Engineering Analysis in the Presence of Uncertainty.

[6]　2007 A Reduced Order Lunar Lander Model for Rapid Architecture Analysis.

[7]　2003 Resources of also: an Independent Assessment of Establishing Lunar Bases with Existing Space Assets.

[8]　2002 Application of the Abbreviated Technology Identification, Evaluation, and Selectio (ATIES) Methodology to a Mars Orbit Basing (MOB) Solar Clipper Architecture.

第 12 章   MATE 方法（美国麻省理工学院）

12.1   MATE 方法介绍

方法名称：多属性权衡空间探索（Multi－Attribute Tradespace Exploration，MATE）；

提出的时间：2000 年左右；

提出的机构或个人：美国麻省理工学院；

主要应用领域：航天任务；

主要作用：概念设计与评价。可形成数目众多（多达成千上万）的概念方案，不仅可以从中给出有希望的最佳概念方案，而且可以了解方案的优缺点，检查点设计方案的改进空间，探索获得更低成本方案的可能性，探索方案的健壮性等；

评价原理：在由效用和成本构成的航天任务概念权衡空间中对概念方案进行比较和分析；

所需要的系统模型和工具支持：

1）需要建立系统的模型，将系统的设计向量转换为系统的成本和属性。

2）权衡空间视觉化工具。

掌握的难度：比较大；

特点：专为航天飞行器概念权衡研发。可形成和评价数目众多的概念方案，可对概念方案进行多方面的分析探索。

美国麻省理工学院空间系统政策和体系结构研究联盟（SSPARC）的创立者丹尼尔·黑斯廷斯（Daniel Hastings）于 1997—1999 年担任美国空军首席科学家。在他的任期内，因为只能根据很少的信息做出决定，所以当他回到麻省理工学院空间系统实验室（SSL）时，创建了空间系统政策和体系结构研究联盟来解决这个问题，这促进了 MATE 等方法的发展。

MATE 是美国麻省理工学院针对航天任务的系统概念评价和分析研究出来的方法，其开始研究的时间在 2000 年左右。它是一种定量分析的方法，与其他方法相比，有两个特点：一是它可以对大量的预选方案进行分析，预选方案的数量可以达到成千上万个；二是它不仅提供选择最佳方案的可能，还可以对预选方案进行多种深入分析。由于它是一种定量的分析方法，所以需要许多定量的数据进行支持，同时，还需要自己编制一些软件和采用商业化的软件进行支持。这样它前期的投入比较大，好在这些投入在一定范围内是可以重用的。

2006 年，美国麻省理工学院的罗斯和前国际系统工程学会（INCOSE）总裁唐娜·罗兹提出系统工程进展研究计划（SEAri），并继续开发 MATE。同时，他们开发了一种新的方法，称为时代分析（EEA），它利用经济分析的技术来评价系统如何在不断变化的环境中维持价值。在 EEA 中，可以考虑任务生命周期中不断变化的环境，以判断系统是否能在一段时间内保持价值。

美国国防部的工程弹性系统计划（ERS）将权衡空间探索（TSE）视为美国国防部（DoD）未来任务规划、设计和选择的核心能力。

自 MATE 首次开发以后，MATE 方法不断向前发展，这些发展包括：适应易变性的 MATE（动态 MATE）、用于"系统的系统"的 MATE、适应灵活性的 MATE、适应可存活性的 MATE。

美国麻省理工学院的研究人员和研究生在不断地完善和扩展这个方法的同时，开展了一些航天任务和国防任务的案例研究。下面是在这个过程中开展的案例研究：

- A - TOS：在地球电离层中测量电离层的卫星星座；
- B - TOS：从地球电离层的上部测量电离层的卫星星座；
- X - TOS：在地球电离层中测量电离层的卫星；
- Space Tug：空间拖船；
- SBR：卫星雷达；
- TPF：类地行星探寻器；
- ORS：灾难监视系统；
- CubeSat：小卫星的通信系统；
- 具有存活能力的美国海军水面舰艇；
- SDB：小直径炸弹；
- JDAM：精确制导炸弹。

作为本书案例的两颗卫星的简介：

在下面介绍 MATE 方法的过程中使用了两颗卫星作为案例，它们分别是 X - TOS 卫星和 Space Tug（空间拖船）。在本章的最后还介绍了 X - TOS 卫星使用 MATE 的全过程。这两颗卫星都是美国麻省理工学院的教授和研究生们开展 MSTE 方法研究使用的案例。

X - TOS 卫星： 它的全称是 X - Terrestrial Observing Spacecraft，即 X 地球观测空间飞行器，其研究背景是美国空军研究实验室要对废弃的卫星落入地面的时间和落点进行预测。但是原有的大气层阻力模型不够准确，所以需要研发一种飞行器能在电离层中直接测量等离子体的空间分布。

空间拖船： 它是一种通用飞行器，在近地空间中与其他飞行器进行交会、交互，并且可以对它们加速。其目的是延长目标飞行器的工作寿命，它的具体任务包括近距离对目标飞行器进行观测、推动目标飞行器改变轨道、对目标飞行器进行推进剂加注或者传送即插即用的部件。这种飞行器的任务实现需要目标飞行器具有与交互任务相配套的设计。

12.2　术语的解释

1）**权衡研究（Trade Study）**：权衡研究是在一些合格的解决方案中确定一个首选解决方案的研究。权衡研究将根据一些准则审查这些解决方案：成本、进度、性能、重量、系统配置、复杂性、商用现货（COTS）的使用等。从概念开发到系统设计，在整个采购计划中都要进行权衡研究。（引自 AcqNotes）

2）**系统的属性（Attributes）**：系统的属性是决策者感受到的一种度量，用来测量决策者所定义的目标被满足的程度。下面是 X－TOS 卫星的系统属性。它们是决策者希望采集到的数据所具有的特性，与卫星的技术性能没有直接联系。
- 获取数据的时间跨度（卫星的工作寿命）；
- 获取数据的高度；
- 获取数据的纬度多样性；
- 在赤道附近的时间；
- 数据延迟。

3）**效用（Utility）**：它是决策者能够感受到的任务带来的好处、价值。它是无量纲的数，处在 0~1 的区间。每一个系统属性都有它的效用，这个效用随着系统属性的值变化而变化，比如卫星采集数据的延时时间，这个数据延迟越小对用户的效用越大，其效用也就越接近于 1。所以，它常常以一种函数的形式出现，包括单属性的效用和多属性的效用。

a）**单属性效用**：单属性效用指的是单个属性给决策者带来的价值，通常采用效用函数来表达，它表示该属性的不同取值所对应的效用的变化。

图 12-1 所示为 X－TOS 卫星的纬度多样性的效用函数。它反映了卫星所测量电离层的纬度覆盖范围的大小给决策者带来的好处的变化。如果飞行器对纬度的覆盖达到 180°，这是决策者最希望达到的范围，所以效用值是 1。覆盖范围越小对决策者的价值就越低，其效用值也就越小。效用值为零时，表示该属性对使用者没有价值。在通常情况下，大多数效用函数都应该是一种光滑的曲线。但是在 MATE 方法的应用中，效用函数要向决策者或者使用者进行调查获取，在这种情况下没有必要、也没有可能采集这条曲线中所有的点，所以效用函数通常由几段折线组成。

b）**多属性效用**：一个系统包括多个属性。每个属性都有它的效用函数。对这个系统评价需要将这些属性的效用综合起来或者集成起来，形成一个统一的效用，这就是多属性效用。多属性效用与成本共同形成了 MATE 方法对设计方案进行选择的核心。

4）**系统模型**：在 MATE 方法中有两大类系统模型：一种系统模型描述的是系统属性与系统设计变量的关系，由它可以获得一组系统设计向量所对应的系统属性；另一种系统模型描述的是系统设计变量与成本之间的关系，由它可以获得一组系统设计向量所对应的系统成本。

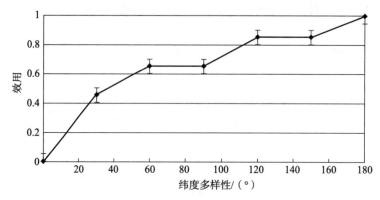

图 12-1　X-TOS 卫星的纬度多样性的效用函数

5）**多属性权衡空间探索**："权衡空间"意味着评价者将在很大的范围内寻求答案。这个空间包含所有可能的设计概念，它的数目可能成千上万。它是由效用和成本组成的二维空间中一些点的散布表达的，表达的是这些概念与效用和成本的定量关系。"探索"意味着评价者并不一定要选取一个最佳设计概念，而是通过分析使决策者对方案的选择有一个全面的认识。图 12-2 是一个典型的权衡空间表达的二维图。横轴是全生命周期的成本，纵轴是多属性效用。图中的每一个点代表着一个体系结构（或者叫作概念），在这个图中，它们共有 9 930 个。

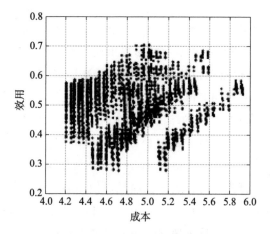

图 12-2　多属性权衡空间的例子

图 12-3 所示为空间拖船的权衡空间。图中标出的那个点就是权衡空间中一个概念设计的方案，它的设计值如右边的表格所示。

6）**帕累托前沿（Pareto Frontier）**：开展 MATE 的主要任务之一就是发现那些成本最低、效用最高的概念设计。权衡空间的成本和效用坐标系中散布着许多点，它们在权衡空间中有不同的成本和效用的表现。在一个纵坐标为成本、横坐标为效用的权衡空间中（成本与效用纵横坐标的关系也可以改变），将那些下方和右方的最外侧那些点用一条光滑的曲线连接起来，这条曲线就是帕累托前沿。与探索空间中的其他点相比，在帕累托前沿上

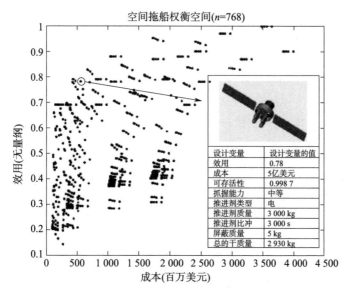

图 12-3　在权衡空间中的一个点所代表的设计

的每个点，在成本相同的条件下具有最高的效用；在效用相同的条件下它具有最低的成本，所以帕累托前沿是最佳设计的集合。图 12-4 表示的就是这种情况。在这个权衡空间中，散布的点从图的左上方向图的右下方过渡是决策者所希望的方向，这个方向末端的那些点就形成了帕累托前沿，这些点的不同形状代表了某个设计变量（此时是推进剂）的不同选项。

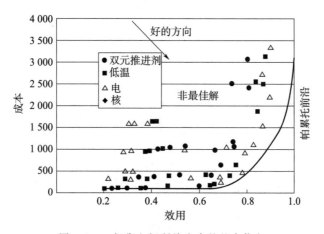

图 12-4　权衡空间所给出来的基本信息

7）**保真度或者逼真度**：在 MATE 方法中系统属性的范围和多少、设计变量的范围和多少以及成本的精确度都有一个逼真度的问题。一个系统的属性以及设计变量的数量是非常多的，评价者在进行系统概念的选择时，没有能力也没有必要对它们进行全面的列举和分析。对它们选择的原则是选取其中最关键的，也就是对于成本和效用有明显影响的。对于成本模型的精确度的考虑是，成本模型的主要作用是对不同的方案进行区别，所以只要有一定的精确度就可以了。在本书第 1 章讨论过的系统概念有两个特点：系统概念的组成要能够说明系统概念的可行性，系统概念的分析要能够对不同的系统概念进行比较。所以为了减少分析的困难和工作量，只要能够达到这两个目的，就可以放松对系统属性的范围和取值、设计变量的范围和取值以及成本的精确度逼真度的要求。

12.3　MATE 方法的工作步骤

如图 12-5 所示，MATE 方法可以按照以下工作步骤开展：

①确定任务概念和用户要求；

②定义系统属性；

③定义设计向量（包括对连续设计变量的采样间隔的选择）且形成预选设计方案；

④确定单个属性的效用函数（需要掌握获得单个属性效用函数的方法）；

⑤建立系统模型并进行分析（需要获取建立系统模型的方法和计算工具）；

⑥获得每组设计向量所对应的属性；

⑦获得每组设计向量所对应的效用（需要确定由单个属性效用形成多个属性效用的方法）；

⑧获得每组设计向量所对应的成本（需要获取建立系统成本模型的方法）；

⑨开展权衡空间的探索（需要获取权衡空间视觉化的工具）。

在正式开展权衡空间探索之前，设计团队还要进行一定的准备工作。这些准备工作主要与上述工作步骤中的④、⑤、⑦、⑧有关。具体工作内容包括学习一些方法、建立一些模型以及获取或者开发一些工具。

在图 12-5 表达的这些工作步骤中，⑥⑦⑧等 3 项任务实际上都是由⑤系统模型计算来完成的。

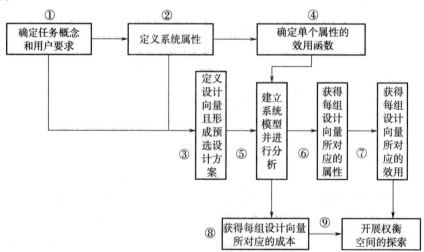

图 12-5　MATE 方法的工作步骤

12.3.1   确定决策者、任务概念和用户要求

概念设计必须满足决策者的要求，决策者确定系统的属性及属性的效用。任务概念是用来定义设计向量的基本框架，在确定任务概念时，要尽量地敞开思路，以获得可能的创造性的解决方案。

确定任务的边界和范围：所谓的边界指的是在尽量开放的前提下，选择潜在的解决方案的边界。例如空间拖船的潜在解决方案包括：

1）传统的体系结构：传统的卫星；

2）独特的体系结构：卫星群、无线 BUS - FREE 体系结构；

3）先进的推进系统：电推进、热核推进；

4）独特的推进系统：定向能、电动帆。

在确定任务的边界时，一方面要尽量开拓思路，尽可能多地考虑各种各样的方案；另一方面要将方案压缩到一个较小的范围。空间拖船的方案选择的任务边界包括传统的体系结构方案和先进的推进系统的方案。

任务的范围指的是在共同完成此项任务的若干个天上和地面的系统中哪些属于该项任务考虑的范围，例如空间拖船认为的范围限制在空间拖船本身，不包括目标飞行器及其交互的设备、地面测控系统等。

12.3.2   定义系统的属性

系统的属性（Attributes）：它代表了决策者或者客户的主要求，是决策者所需要的对系统的度量，设计者通过系统设计实现这些系统度量来满足决策者的要求。一个系统实际上有许多个属性，但是在系统的研发初期，也就是在系统的概念选择阶段，没有必要也没有可能对它所有的属性进行考虑。这时评价者只需要考虑那些最关键性的、少量的属性。属性由它的定义、单位和范围组成。属性的范围应该定义可接受的最差值以及期望的最佳值。在最佳值之外的值已经不能提供附加的价值了。图 12 - 6 所示为属性的定义范围。

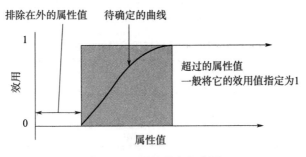

图 12 - 6   属性的定义范围

表 12-1 给出了空间拖船系统属性的例子。

表 12-1　空间拖船系统属性的例子

属性	单位	最佳值	最差值
速度增量的能力	km/s	40	>0
携带设备的能力	kg	5 000	300
响应时间	—	快	慢

这些属性的定义如下：

1) 速度增量的能力：决定空间拖船可以飞到哪里以及它可以改变目标飞行器轨道的能力。

2) 携带设备的能力：承载观测和操作设备（可能还有备件等）的质量。

3) 响应时间：它到达潜在目标的时间并以所需方式与目标交互的速度有多快。这里只考虑快速（数小时到数天）或慢速（数周到数月）的两种取值。

12.3.3　定义设计向量和形成预选的设计方案

(1) 设计变量 (Design Variables) 和设计向量 (Design Vector)

1) 如果说系统属性是决策者或者客户眼中的系统，那么**设计变量**就是设计者眼中的系统。与系统属性一样，在概念选择阶段，只需要关心那些对系统属性有重要影响的设计变量。系统的设计变量也就是系统的设计参数。它们或者是定量的参数，例如卫星轨道的远地点高度和近地点高度，或者是某种技术特性，例如星上的电源系统（太阳电池或者燃料电池）。

2) **设计向量**由若干个系统设计变量组成，一个系统的概念或者概念的选项由一组设计变量组成的设计向量来表示。概括地说，一组设计向量就是一种设计。在概念选择阶段，设计向量是设计者根据决策者的要求和他们的经验通过头脑风暴形成的。最初的设计向量可以包括比较多的设计变量。以后再对它们进行筛选，以选出对系统属性有重要影响的那些设计变量。在本章后面还要介绍如何对设计变量进行筛选的方法。

空间拖船的设计向量由 3 个设计变量组成，见表 12-2。

表 12-2　空间拖船的设计向量

设计变量	单位	采样点
携带设备的质量	kg	300、1 000、3 000、5 000
推进系统的类型	—	可储存的双推进系统、低温推进系统、电推进系统、核推进系统
燃料的质量	kg	30、100、300、600、1 200、3 000、10 000、30 000、50 000

(2) 评价设计选项的方法

可以采用设计价值映射方法，将设计选项（即设计变量选项）与系统属性映射起来，以此来筛选那些不必要的设计选项，并且在某些性能还没有被影响的情况下，可以激发产生更多的设计变量。

图 12-7 是空间拖船卫星的系统属性与设计变量的映射关系。由这个映射矩阵可以看出，所有的设计变量都对属性（即性能）产生了重要的影响，说明它们都是必要的。如果不是这种情况，则说明有的设计变量并不是重要的和关键的。另外，所有的属性应该都有设计变量与其映射，否则，说明遗漏了某些重要的设计变量。映射矩阵中分别用 0、1、3和 9 代表无影响、弱影响、中等影响和强影响。

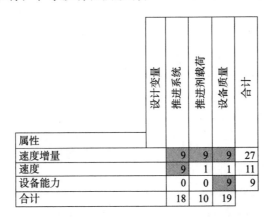

设计变量 属性	推进系统	推进剂载荷	设备质量	合计
速度增量	9	9	9	27
速度	9	1	1	11
设备能力	0	0	9	9
合计	18	10	19	

图 12-7　空间拖船卫星的系统属性与设计变量的映射关系

（3）预选的设计方案的形成

在 MATE 方法中，采用形态矩阵的方法来形成预选的设计方案。所谓的形态矩阵，就是采用一种表格的方式，给出所选出来的对于设计属性有重要影响的设计变量以及它们所有可能的取值或者选项。一个设计是从它的全部设计变量中各选取一个采样点组合而成的。这些设计变量的采样点有多少种组合就有多少个设计方案，这种组合数通常是非常大的，这种组合就构成了设计空间。MATE 方法就是在这种非常庞大的设计空间中进行权衡。表 12-3 给出的是采用 MATE 方法进行权衡分析的一些设计空间数据。其中，包括系统属性的数目、设计变量的数目以及设计空间的数目。

表 12-3　几种飞行器的系统属性及设计空间的情况

飞行器名称	系统属性的数目	设计变量的数目	设计空间的数目
X-TOS 地球观测系统	5	9	50 488
Space Tug 空间拖船	3	3	256
TPF 类地行星探寻器	10	7	10 611
RDSS 灾难监测系统	10	飞机 5＋卫星 7	2 340＋8 640
SRSS 卫星雷达系统	5,5,5	10	23 328×245

表 12-4 给出了 X-TOS 地球大气观测卫星形成预选概念方案的形态矩阵，这个矩阵的设计变量可以看作是由轨道参数、卫星参数和任务场景 3 部分组成的。对于深空探测器的概念分析而言，还要考虑它们的运载火箭参数。但是对于 X-TOS 常规的地球轨道卫

星，运载火箭已经不是敏感的因素，也就是说，它不会影响任务的可行性和预选方案的可比性。表 12-4 中的设计变量有离散型的，有连续型的。对于连续型的设计变量给出了它们的采样间隔，对于离散型的设计变量则给出了它们的选项。所有这些设计变量的采样间隔的组合就形成了整个的设计空间。X-TOS 卫星设计空间中的设计数目达到了 50 488 个。

表 12-4　X-TOS 卫星的形态矩阵

设计变量		采样间隔
轨道参数	远地点高度/km	200～350 区间：间隔 50 650～2 000 区间：间隔 300
	近地点高度/km	150～350 区间：间隔 50
	轨道倾角/(°)	0、30、70、90
卫星参数	速度增量/(m/s)	200～1 000 区间：间隔 100
	通信系统类型	AFSCN、TDRSS
	天线增益	高、低
	推进器类型	化学、霍尔
	电源系统类型	太阳能、燃料电池
任务场景		一颗卫星；两颗卫星，先后发射；两颗卫星，同时发射
由设计变量采样点组合起来的方案总数		50 488

12.3.4　获得单属性效用函数及多属性效用函数的方法

(1) 获得单属性效用函数的方法

前面已经提到单属性效用指的是单个属性给决策者带来的价值和好处，通常采用效用函数来表示，它表示该属性的不同取值所对应的效用的变化。

常见的单属性效用函数的类型如图 12-8 所示。由于多数属性本质上是连续的，所以它们的效用函数也是连续的。也有的属性本身是离散的，那么它的效用函数也是离散的。在图 12-8 最右侧的例子中给出了一种卫星的承载能力。决策者提出的承载能力分成 4 档（低、中、高、极高），决策者还给出了 4 种效用分别与它们对应。在实践中，单属性效用函数经常是通过对用户或者决策者进行调研获得的。这种方法可能只能获取属性的若干个离散点上的效用，得到的效用函数是以折线的形式表示的。图 12-8 中的非单调效用函数是不可取的。

在 MATE 方法中采用彩票等概率方法来获得单属性效用函数。彩票等概率方法 (Lottery Equivalent Probability，LEP) 需要设计团队与用户通过交互方式，了解用户对某一属性的效用的看法，来获取属性的效用函数。这里以 X-TOS 卫星纬度多样性这个属性为例子来说明彩票等概率方法是如何获得它的效用曲线的。首先选取纬度多样性属性范围中的若干个采样点，例如每隔 30°一个采样点，每一个采样点的效用获取方法都是一样的。现在看一看纬度多样性为 30°的效用是如何获得的。

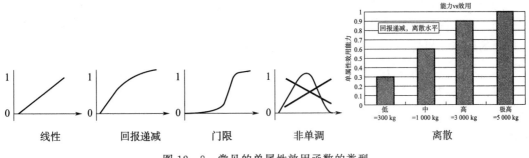

图 12 - 8　常见的单属性效用函数的类型

1）设计团队提出一种虚拟的场景：采集电离层数据的方式除了卫星之外，还有另外一种方式，例如船或者飞机。假设卫星覆盖纬度范围有两种可能性：一种是覆盖 30°，其发生的概率是 50%；另一种是覆盖 0°，其发生的概率也是 50%。后一种可能性可以假想为系统发生了某些故障。船只覆盖纬度范围也有两种可能性，一种是覆盖 180°，其发生的概率是 45%；另一种是覆盖 0°，其发生的概率是 55%。对比这两种采集数据的方式和效果，请用户给出他的选择倾向性：选择卫星还是船只。当用户给出决定以后，记录在案，见表 12 - 5。

表 12 - 5　采用彩票等概率方法对效用函数进行调查的记录表

卫星				船只				
第一属性	概率(%)	第二属性	概率(%)	第一属性	概率(%)	第二属性	概率(%)	用户选择
30	50	0	50	180	45	0	55	船只
30	50	0	50	180	10	0	90	卫星
30	50	0	50	180	35	0	65	船只
30	50	0	50	180	20	0	80	卫星
30	50	0	50	180	30	0	70	船只
30	50	0	50	180	25	0	75	船只
30	50	0	50	180	22.5	0	77.5	无区别

2）在与上面完全相同的场景中，对船只的情况进行某些修改。两种覆盖范围保持不变，但是改变它们的发生概率。覆盖 180°的发生概率是 10%，覆盖 0°的发生概率是 90%。请用户在这种情况下做出选择，是卫星还是船只。

3）继续改变船只覆盖 180°的发生概率和覆盖 0°的发生概率，请用户给出新的选择。

4）继续改变船只的发生概率，直到用户无法在卫星和船只之间进行取舍为止。这个点就是彩票等概率方法中所谓的等概率点。

5）将等概率点上的船只覆盖 180°的发生概率乘以 2，就得到了纬度多样性为 30°时的效用。表 12 - 5 是假想的向用户调查的记录举例。按照该表给出的数据，效用是 0.5。

6）在这个交互式的采集数据过程中，设计团队要根据用户的回答来适当地选择船只的概率。首先选择一个较大的概率（如表 12-5 中所示的 45%），进行交互，然后选择一个较小的概率（如表 12-5 中所示的 10%）。根据用户回答的情况不断地调整并缩小概率的范围，以尽快地逼近等概率点。

对于其他的采样点，可以采取同样的方式与用户进行交互，得到它们的效用函数，如图 12-1 所示。在实际评价中，使用这个效用函数时，拐点之间的值由线性内插的方法获取。

（2）由单属性效用形成多属性效用的方法

大多数传统预选概念的评价方法都是对预选概念的多种属性直接进行评价。它们当中的有些方法只是定性地评价，而且评价的概念数量是十分有限的。MATE 方法的核心就是采用多属性效用对可能的预选概念进行评价。它将系统概念的评价变成属性的效用的评价，这样就可以对成千上万个系统概念进行定量的评价。上面已经讨论了如何得到单属性效用的方法，这里讨论如何根据单属性效用得到多属性效用的方法，这类方法包括以下几种：

假设系统有 n 个属性 x_i，利用上面的方法已经获得了它们各自的效用 $U_i(x_i)$。

1）属性函数加权求和法。这是一种最简单地将单属性效用组合成多属性效用的方法：将各个单属性效用分别乘以它所对应的权重，然后将它们相加，即

$$U = \sum_{i=1}^{n} k_i U_i$$

式中　　k_i——第 i 个属性的权重。

它的取值由用户决定：设想一组设计概念的属性 x_i 取它本身的最佳值（注意，不一定是它的最大值），其他的属性取它们本身的最差值。请用户决定在这种情况下的效用是多少。这个效用的值就是第 i 个属性的权重 k_i，表示为

$$k_i = U(x_{1(\min)}, x_{2(\min)}, \cdots, x_{i(\max)}, \cdots, x_{n(\min)})$$

这个方法在一些严格的约束条件下才是有效的。其中，一个关键的条件就是：单属性效用是完全独立的。这就是说，一个属性的效用对其他属性的效用没有任何影响。虽然这个条件除了属性的数目非常少的情况之外都是难以严格证明的，但是在实践中这个条件还是可能存在的。

2）效用函数的简单相乘法为

$$U = \prod_{i=1}^{n} U_i$$

这个方法应该在所有的单属性效用都比较高的情况下使用。

3）效用函数的简单逆转相乘法为

$$1 - U = \prod_{i=1}^{n} (1 - U_i)$$

4）效用函数 Keeney-Raiffa 相乘法。

这种方法的形式为

$$KU + 1 = \prod_{i=1}^{n}(Kk_iU_i + 1)$$

其中的 k_i 获取方法与 1）中的 k_i 相同。K 是以下方程式的最大非零解

$$K + 1 = \prod_{i=1}^{n}(Kk_i + 1)$$

在上述 4 种方法中，权衡实践经常使用加权求和的方式，但是使用 Keeney - Raiffa 函数的效果要更好一些。

12.3.5　建立系统模型的方法

（1）建立系统模型的方法简介

在形成了众多的预选设计方案（即设计向量）、确定了单属性的效用函数以及如何获得多属性效用的方法之后，就需要建立起系统和成本的模型，来将每一组设计向量转换成属性的值和成本，继而将属性的值转换为效用。如图 12 - 9 所示，模型的输入还包括一些常数向量，模型还将产生一些中间变量。质量就是一种中间变量，虽然它在最后的输出中不会出现，但是在计算过程中必须产生。

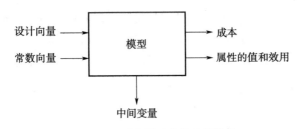

图 12 - 9　系统模型的输入与输出

所谓的系统模型，不一定都是数学函数，它还包括任何可以将输入变成输出的数学方法。常用的方法有查表法、函数计算、隐含的计算或者迭代、仿真。

①简单模型举例

表 12 - 6 给出了空间拖船卫星的质量模型。

表 12 - 6　空间拖船卫星的质量模型

推进系统的质量	$M_p = m_{p0} + m_{pf}M_f$
卫星平台的质量	$M_b = M_p + m_{bf}M_c$
净质量	$M_d = M_b + M_c$
毛质量	$M_w = M_d + M_f$

表 12 - 7 给出了空间拖船获取系统属性的方法。

表 12 - 7　空间拖船获取系统属性的方法

速度增量	$\Delta v = g I_{sp} \ln(M_w / M_d)$
能力	查表
速度	查表

②成本建模

成本建模的目的是评价各种概念的相对成本，而不是申报预算规划，所以对成本的估算只有±30%的准确度也是允许的。现在成本建模有许多方法和工具可以使用。

空间拖船成本建模的例子：该卫星的成本建模是基于干质量和湿质量的，$C = c_w M_w + c_d M_d$。这里，并没有把软件成本、发射费用以及开发成本计算在内。

③支持建立系统模型和软件实现的工具和方法

上面介绍的空间拖船的系统建立模型方法是比较简单的。通常一个航天飞行器的系统模型要比空间拖船的复杂得多。下面介绍在一般情况下需要支持建立系统模型的工具和方法。

支持建立系统模型的工具和方法：在 MATE 方法的研究中，主要采用 Satellite Tool Kit90（STK）卫星工具箱。《空间任务分析和设计》一书提供了简单的方法，这些方法比较容易用代码实现。

支持建立系统模型软件实现的工具：有许多工具和框架可以用来帮助代码开发。

1）MATLAB：大多数 MATE 过程是使用 MATLAB 实现的。

2）ModelCenter：可以帮助开发者组织对计算模块的归档和重用。

3）STK：它是一个非常强大的轨道动力学计算工具。在计算与统计有关的星座覆盖时特别有用。

4）@RISK：它的软件可以对决策树进行自动化分析。

5）MATLAB 的统计工具箱：在对权衡空间进行后处理过程中特别有用。

(2) 建立系统模型前的准备工作：对系统属性与设计向量之间的关系进行分析

在开始考虑建模之前，还应该理解设计变量和属性之间的关系，这种关系由设计变量向属性进行映射来显示。通过对这种关系的理解可以减少一些不重要的设计变量，也可能需要增加一些必要的设计变量。

图 12 - 10 是采用 QFD 方法将 X - TOS 卫星的设计向量向系统属性映射的情况。左边那一行是系统属性，成本作为一种特殊的属性单独列出。顶部那一行是设计向量。中间那些数字表示设计变量对系统属性的影响。根据影响程度的大小，分别用 9、6、3、0 来表示。这些数值是根据经验、以往的知识和常识来确定的。

对矩阵中行和列的数字分别求和，表述在矩阵的最右边和最下边。每个属性所对应的和表明了它们受到设计变量影响的程度。如果一个属性所对应的和很小，那么表示这个属性受设计向量影响不大。这种情况的发生有两种可能：一种是这个属性被列出的必要性有问题；另一种是应该对设计向量进行修改，使得它对这个属性产生足够的影响。与属性的情况类似，每个设计变量所对应的和表明了它对属性的影响。如果这个和比较小，则表明

属性	设计变量	远地点高度	近地点高度	Delta-V	推进	轨道倾角	通信系统类型	天线增益	电源系统类型	任务场景	影响总计
数据寿命		9	9	9	6	0	0	0	6	9	48
采样高度		9	9	0	0	0	0	0	0	9	27
纬度多样性		0	0	0	0	9	0	0	0	9	18
在赤道区域中逗留的时间		0	6	0	0	9	0	0	0	9	24
数据延迟		3	3	0	0	3	9	9	6	3	36
总计		21	27	9	6	21	9	9	12	39	
成本		9	9	3	6	6	3	6	6	9	
考虑成本后的总计		30	36	12	12	27	12	15	18	48	

图 12 - 10　系统属性与设计变量之间的映射关系

这个设计变量不太重要，或者是缺少了一个属性。

X - TOS 属性与设计向量的映射关系图表明了它们之间的相互依赖关系。

1）任务寿命（即表中的数据寿命）和采样高度主要受轨道力学和速度增量的影响。

2）纬度多样性和在赤道上的时间主要受到轨道倾角的影响。

3）数据延迟主要是通信系统的一个函数。

4）任务场景（指的是要发射多少个飞行器，分别发射还是同时发射，发射后进入什么轨道）对大多数属性都有重要的影响。

5）任务寿命受到许多设计变量的影响。它可能是一个最具有影响力的属性。

6）纬度多样性只受到两个变量的强烈影响，所以比较容易对它进行建模。它也是一个具有较强影响力的属性，因为它与两种设计变量有强烈的相互作用。

7）设计变量的总和表明了轨道元素和任务场景比飞行器本身的设计参数具有更大的影响力。

8）推进系统和能源系统看起来好像它们只有微弱的影响力。但是直观感觉，推进系统的选择应该具有更大的影响力。影响力的减弱，受到了速度增量作为设计变量的影响。

9）能源系统的寿命和它提供足够能量的能力影响任务的寿命。这意味着能源系统的建模比较简单。

通过 QFD 方法对系统属性与设计变量关系的分析，评价团队可以：

1）删除那些对系统概念选择没有影响或者影响非常小的那些系统属性或设计变量。

2）如果发现漏掉了某些系统属性和设计变量，则予以补充。

3）系统建模的目的需要获得系统属性与设计变量之间的关系。通过 QFD 方法矩阵的分析，可以了解一个系统属性主要受到哪些设计变量的影响。这样对这个系统属性进行建模时，就要重点考虑这些设计变量。

（3）系统模型中模块的规划

这里将 MATE 方法的操作过程图截取其中与系统模型有关的部分，如图 12 - 11 所示。系统模型实际上包括两个部分：一个是性能模型，即⑤⑥⑦这条途径；另一个是成本模型，即⑤⑧这条途径。下面分别对它们进行讨论。

系统性能模型的作用是根据设计向量得到与这组设计向量所对应的属性。

一个候选的体系结构或者设计由一个设计向量的一组变量的值表示。这组变量的值输入系统模型中，系统模型则给出与这组变量的值所对应的系统属性。例如在 X - TOS 系统模型中，输入一组轨道倾角和任务场景的值，就可以得到系统属性中纬度多样性的值。这种关系在图 12 - 10 轨道倾角和任务场景与纬度多样性的映射中可以看得很清楚。

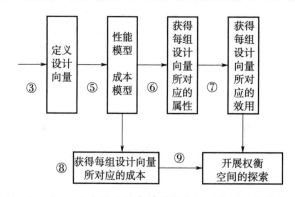

图 12 - 11　MATE 方法的操作过程图中与系统模型有关的部分

系统模型的作用是获得与一组具体的设计向量所对应的系统属性的值，系统模型是由多个模型组成的。一个模型代表一组系统属性与一组设计变量之间的定量关系。向这个模型输入这些设计变量的值就可以得到与其对应系统属性的值。建模的第 1 步就是要找到哪些属性与哪些设计变量相关，用以规划系统模型由哪些模块组成。采用质量功能部署 QFD 就能够获得它们之间的关系。

12.3.6　多属性权衡空间的探索

在完成了系统建模以后，将一组设计向量的变量值输入模型中，就可以获得与该设计相对应的成本和效用两个值。这组值就形成了由成本和效用构成的权衡空间中的一个点。所谓的权衡空间就是在成本和效用所构成的空间中由待评价的、成百上千个设计向量所构成的点组成。决策者可以根据这些设计所需的成本和提供的效用来对待选方案进行评价和选择。

利用权衡空间对设计的待选方案有下列几种不同程度的评价：

·局部点权衡：如图 12 - 12 中的①所示。这种权衡是根据客户要求、经验和新技术的发展，在原有的一个点设计的附近选择几个点进行权衡。这种方法在传统的方案选择方法中常见。

·帕累托前沿子集权衡：如图 12 - 12 中②给出的帕累托前沿上的若干个点所示。

• 帕累托前沿全集权衡：如图 12-12 中③给出的帕累托前沿上的全部点所示。

• 整个权衡空间探索：在整个权衡空间④中进行分析，对设计方案进行比较深入的理解。

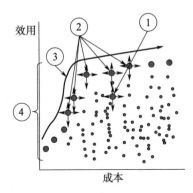

图 12-12　在多属性权衡空间中进行不同程度分析的例子

权衡空间探索的内容比较丰富，第 12.4 节 "权衡空间探索的多方面的应用价值" 将进行具体介绍。

12.4　权衡空间探索的多方面的应用价值

(1) 通过提问题的方法对权衡空间进行探索

可以通过问题引导的方法，对权衡空间进行探索。问题分成以下 3 个层次：

第 1 个层次是决策者提出的问题：

• 我们可以发现有价值的设计吗？

• 我们所选择的设计的优势和劣势是什么？

• 找到更低成本的设计是否可行？为了获得更低的成本设计，所付出的代价是什么？

• 时间的进展和情况的变化会给设计带来什么问题？

• 如何考虑不确定性？

• 如果更进一步地观察设计，并且采用更加先进的视觉化的方法，是否支持我们的结论？

第 2 个层次是分析者和设计者提出的问题：

• 有哪些敏感性的设计参数应当在下一步的研究中重点分析？

• 哪些属性对决策起到决定性的作用？为什么？

• 模型和数据是否补充或者修正了专家的看法？

• 当前的问题是否被物理的、技术的或者预算的影响或者约束所左右？

• 如何将更好的设计包括到权衡空间中？

• 详细设计的开发用什么样的方式启动，可以使得项目的成功有最大的可能性？

第 3 个层次是多个项目利益相关者的磋商问题：

- 是否每个利益相关者都发现了有价值的设计？
- 是否能在利益相关者中间取得迅速的折中？
- 某些利益相关者是否需要放松对任务的要求？
- 在利益相关者中间一个最好的折中方案能否达成？

针对这些问题，分析者可以对权衡空间的表现形式、输入条件进行调整，以帮助他们对重新显示的权衡空间进行分析。

（2）权衡空间探索应用价值及举例

①发现较高价值的设计

为此可以进行以下几种活动：

- 在权衡空间中找到几个感兴趣的设计点——高的效用值和/或低的成本值，列出它们的设计向量值，理解这些设计点所代表的物理设计。
- 挑选或者计算出权衡空间中的帕累托前沿。
- 列出在帕累托前沿上的设计向量的值以及这些设计的属性，分析沿着帕累托前沿变化的因素。
- 努力理解这种变化的原因。
- 开始提出问题，这些问题将引导设计者进行进一步探索。

以 X-TOS 为例，图 12-13 中的三角形代表选择出来的、吸引人的设计。这些设计是具有较短的系统寿命、较低的近地点高度、较高的速度增量、采用常规的能源和推进系统的飞行器。当沿着帕累托前沿前进时，那些设计具有较高的近地点高度（如图 12-13 中 150、200、250 和 300 所示）、较长的系统寿命、较低的获取数据的高度。

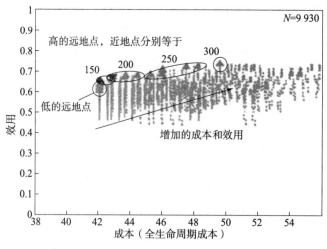

图 12-13　发现较高价值的设计的例子

②了解所选择的设计的优点和缺点

根据 X-TOS 权衡空间分析的结果，绘制了图 12-14，图中有上下两个图。下图表示采样数据高度这个属性与成本之间的关系。可接受的最差属性值为 1 000 km，可接受的最好属性值为 160 km。上图表示采样数据高度的单属性效用和成本的关系。图中有 3 种不同形状的点，它们代表不同的采样数据高度的属性值。大三角形表示选择出来的设计，小三角形（在大三角形的附近以及③所取的位置）表示在多属性效用和成本的权衡空间中帕累托前沿上的设计。

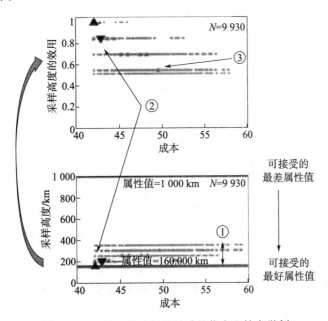

图 12 - 14　了解所选择的设计的优点和缺点举例

这两个图提供以下信息：

1）图中①：所有可能的设计选项都集中在一个较为狭小的范围内。

2）图中②：被选设计的采样数据高度的效用值非常高。

3）图中③：在帕累托前沿（散布在上面的图中，在此黑白图中难以看到，③标示的是其中一个点）上有些设计的数据采样高度属性的效用值并不太好。

③对传统的点设计结果进行检查

采用多属性权衡空间探索可以对传统的点设计进行检查。

图 12 - 15 所示为类地行星探寻器系统的权衡空间。图中用圆圈标注的点是几个著名的航天公司所提出来的设计。帕累托前沿出现在这些散布点的右下方（在 $0.5M/Image 分区线附近）。可以看到所有这些公司的方案都没有出现在帕累托前沿上，说明这些设计都不是最佳的。当这个结果提供给这些公司时，引起了他们的重视和深入的讨论。他们思考为什么会出现这种情况，是否需要采用其他的方法来设计更有效的方案。

④探索获得成本比较低的设计方案的可能性

这里介绍两种获得成本比较低的设计方案的策略。

策略一：这种策略是在原来选定的方案附近，寻找是否有虽然效用稍微低一点但是其成本较低的方案。这里借助于前面 X - TOS 卫星的例子来说明这种策略。图 12 - 16 是前面 X - TOS 例子中的权衡空间图（图 12 - 13）的局部放大，数字 150 附近的两个三角形是

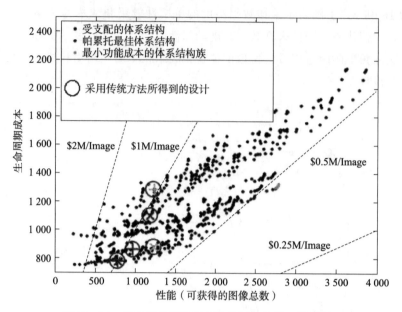

图 12 - 15　类地行星探寻器系统的权衡空间（见彩插）

原来选定的方案。在它们的左下方有一个较低的远地点高度的设计方案，它的效用仅比原来选定的方案稍微低一点，但是它的成本已经非常接近最低的成本。那么这个方案可能是值得设计者考虑选取的方案。

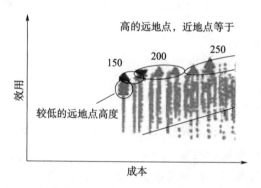

图 12 - 16　探索获得成本比较低的设计方案的可能性的例子

　　策略二：前面提到过对于属性的范围，决策者要给出他可以接受的边界，即可以接受的最差值和最佳值。在有些情况下，如果决策者放松一些对边界的要求，可能会产生更多的可选择的方案。

　　这里给出一个卫星雷达系统的权衡的例子。卫星雷达系统是一个由多个完全相同的、装载雷达的卫星组成的卫星星座，它可以提供全球全天候的跟踪和成像。现在对两个属性进行分析：一个是卫星雷达系统可检测的最小目标速度，另一个是卫星雷达系统截获目标的时间。

　　1）卫星雷达系统可检测的最小目标速度：图 12 - 17（a）是在整个权衡空间的分析结

果中抽取出最小速度和成本的关系图。图中由许多点组成的一些形状表示的是所有设计方案，原图是彩色的，图中出现的不同点阵形成的形状具有不同的颜色，这些不同的颜色代表了不同的天线面积。在图的右边是一个彩条，表示从 $10 \sim 100 \ m^2$ 的天线面积所呈现的不同颜色。图中有两条较粗的横线，图的上部分用①标明的横线表示的是可以接受的属性的最差值（即最小速度），此值为 50 m/s。这意味着目标速度高达 50 m/s 时，卫星雷达系统才可以发现。图的底部用②标明的横线表示的是可以接受的属性最佳值，此值为 5 m/s。决策者提出的这种可以接受属性的最差值将线条①以上的小的天线方案都排除掉了。如果在某些情况下，决策者可以放松对于可接受的属性最佳值的要求，那么就可以得到一些较低成本方案的选择可能性。

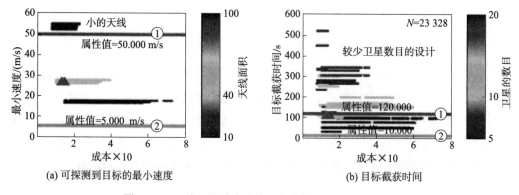

(a) 可探测到目标的最小速度　　　　　(b) 目标截获时间

图 12 - 17　对卫星雷达系统两个属性的权衡（见彩插）

2）卫星雷达系统截获目标的时间：图 12 - 17（b）是在整个权衡空间的分析结果中抽取出目标截获时间和成本的关系图。图中由许多点组成的一些形状表示的是所有设计方案，原图是彩色的，图中出现的不同点阵形成的形状具有不同的颜色，这些不同的颜色代表了不同的卫星数目。在图的右边是一个彩条，表示从 5 ～ 20 个卫星所呈现的不同颜色。图的下部用①标明的横线表示的是可以接受的属性（即目标截获时间）最差值。图的底部用②标明的横线表示的是可以接受的属性最佳值。决策者提出的这种可以接受属性的最差值将线条①以上的较少卫星数目的设计方案都排除掉了。同样，如果在某些情况下，决策者可以放松对于可接受的属性最差值的要求，那么就可以得到一些较低成本方案的选择可能性。

⑤当决策者要求或者其他情况发生变化时，探索被选方案的变化情况

在设计过程中，遇到决策者的要求或者其他情况发生变化时，评价者希望选择的方案仍然具有较好的表现，即具有一定的健壮性。这里以 X - TOS 的权衡空间探索为例，根据决策者的要求获得了最佳设计方案之后，决策者希望对低高度的数据获取给予更大的重视。采用 MATE 方法获得了改变要求之前的和改变要求之后的两个权衡空间探索的结果，如图 12 - 18 所示。比较两个图以后，可以发现以前所选择的设计方案在改变要求之后仍然是最佳的方案。这样的方案本来就针对要求的变化具有一定的健壮性。

当要求改变时，分析不同的设计发生的不同变化。现在再看一个空间拖船的例子。

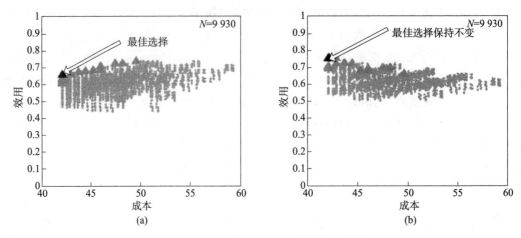

图 12-18　探索被选方案的健壮性的例子

图 12-19（a）表示的是原来的权衡空间。不同的颜色表示了不同的推进系统的设计方案的分布。看起来它们混杂在一起，方案之间没有明显的优劣。假设决策者要增加对快速响应时间这个属性的要求，图 12-19（b）表示的是要求改变后的权衡空间的情况。可以明显地看到，当要求改变之后，电推进系统的效用降低到效用的最低值附近（图 12-19 中下方的虚线椭圆所示的区域），而其他的推进系统反而升到效用的最高值附近。

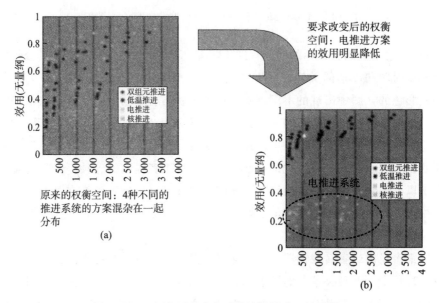

图 12-19　评价要求改变对设计的影响（见彩插）

⑥分析系统对不确定性的响应

图 12-20 展示的是空间拖船系统的一个权衡空间，图中的设计表示的是不同推进剂装载量的方案。这些设计用线条连接起来，不同的连线代表不同推进器的类型。在这些连线右上方（图中用 A 表示的椭圆）那些点表示的是较高的推进剂装载量。在这些连线左下

方（图中用 B 表示的椭圆）那些点表示的是较低的推进剂装载量。

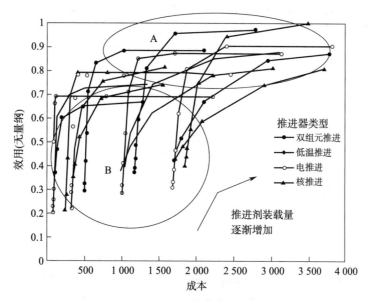

图 12 - 20　分析系统对不确定性的响应举例

　　从这个权衡空间若干条连线的形状可以看到，对于较高的推进剂装载量的飞行器，装载量的不确定性将会引起成本的剧烈增加。对于较低的推进剂装载量的飞行器，装载量的不确定性将会引起效用在一个很宽的范围内变化。在这个区域里，增加一些额外的推进剂，将以非常低的系统成本增加来保证系统的效用。

12.5　MATE 的权衡结果与航天任务实际设计结果的比较

　　如果能够将 MATE 的权衡结果与航天任务实际设计的结果进行比较，那就可以印证该方法的有效性。在第 12.4 节"权衡空间探索的多方面的应用价值"的例子中介绍了类地行星探寻器的权衡分析结果与几个航天公司的设计结果的比较，可以算作这方面的例子之一。这里再举两个例子来说明这两者的结果是相当吻合的。这两个例子都是 MATE 的权衡结果发表在前，航天任务实际设计的结果出现在后。

（1）与 X - TOS 有关的例子

　　2005 年，美国军方发射了一颗卫星 Streak。发射这颗卫星的目的与发射 X - TOS 卫星的目的比较接近。

　　Streak 是美国国防高级研究计划局（DARPA）的一颗试验卫星。Streak 卫星预计将演示未来近地轨道卫星的技术，并收集可能影响未来近地轨道航天器的环境信息。DARPA 发布的信息表明，Streak 卫星配备了离子计和原子氧传感器两种仪器。

　　表 12 - 8 所示的是这颗卫星与 X - TOS 卫星的设计参数的对比。表中除了效用和成本是利用模型计算出来的之外，其他都是公开发表的 Streak 数据。从这两组数据的比较可以

看出，两者的设计参数是十分接近的。

表 12-8　X-TOS 卫星与一个实际卫星 Streak 的设计参数的对比

	X-TOS 卫星	Streak 卫星
研究时间/发射时间	2002 年的研究结果	2005 年发射
权衡研究的方案数目	9 930	未知
发射时的质量/kg	325~450	420
寿命(年)	2.3~0.5	1
轨道	300~185 km @ 20°	321a—296p→ 200 km@ 96°
运载火箭	Minotaur	Minotaur
效用	0.6~0.55	0.57~0.54(模型计算值)
成本(百万美元)	75~72	75(模型计算值)
设备	离子计	离子计和原子氧传感器

图 12-21 是 X-TOS 的权衡空间。将已知的 Streak 卫星设计参数输入 X-TOS 的 MATE 模型中，就得到该卫星的效用和成本的估计。将这组效用和成本的值放到 X-TOS 的权衡空间中，它就出现在图 12-21 中箭头所指的位置。这个位置在帕累托前沿上，接近最佳值。这个现象一方面说明了 Streak 卫星设计参数的合理性，另一方面又说明了 MATE 方法的有效性。

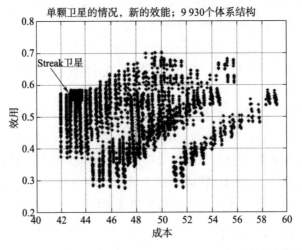

图 12-21　卫星 Streak 的设计在 X-TOS 权衡空间中的位置

(2) 与空间拖船有关的例子

2009 年，欧洲空间局和轨道恢复公司研究并发射了一颗卫星 CX-OLEV。发射这颗卫星的目的与空间拖船比较接近。CX-OLEV 的全称是 The ConeXpress-Orbital Life Extension Vehicle，即 ConeXpress 轨道寿命延长飞行器。它的目标飞行器是地球同步通信卫星。预计可以延长通信卫星的寿命达到 10 年。表 12-9 表示了它与空间拖船的一种设计的设计变量和效用、成本的数据。

表 12-9 空间拖船与一个实际卫星 CX-OLEV 的设计参数比较

	时间	净重/kg	毛重/kg	推进剂/kg	装备/kg	速度增量/(m/s)	效用	成本（百万美元）
空间拖船	2002 年研究	805	1 405	600	300	12 000～16 500	0.69	148
CX-OLEV 卫星	2009 年发射	670	1 400	730	213	15 900	0.69	130

图 12-22 给出了 CX-OLEV 在空间拖船权衡空间中的位置，如图中的三角形所示。4 条折线分别是 4 种不同的推进系统的设计。CX-OLEV 正好出现在电推进系统的成本效用曲线的拐点上（在箭头所指之处）。

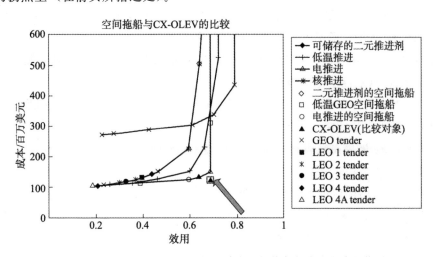

图 12-22 卫星 CX-OLEV 的设计在空间拖船权衡空间中的位置

12.6 航天应用案例（9 个）

美国麻省理工学院 Seari 在 2013 年题为概念设计和权衡空间探索的讲课中给出了截至 2012 年，该机构开展的应用 MATE 方法的 14 项案例研究。下面给出与航天任务有关的部分，见表 12-10。表中最后一项是根据 2013 年发表的"采用价值为中心的框架对 CubeSat 通信系统进行排序"添加的。

表 12-10 MATE 方法在空间任务中应用举例

序号	任务名称	设计变量的数目	系统属性的数目	权衡空间的规模（被评价的方案数目）
1	A-TOS	7	2	1 380
2	B-TOS	6	5	4 033
3	X-TOS	9	5	50 488
4	SBR	5	7	1 872

续表

序号	任务名称	设计变量的数目	系统属性的数目	权衡空间的规模 （被评价的方案数目）
5	Space Tug	3	3	256
6	TPF	10	9	10 611
7	ORDSS	12	10	2 340＋8 640
8	SRS	10	15	23 328×245
9	CubeSat	9	7	≈12 000

任务说明：

· A-TOS：现场测量地球等离子层的卫星群。

原意为 A-iteration Terrestrial Observer Swarm，即 A 迭代地球观测系统。

· B-TOS：从等离子层上部测量等离子层的卫星群。

原意为 B-iteration Terrestrial Observer Swarm，即 B 迭代地球观测系统。

· X-TOS：现场测量地球等离子层的卫星。

原意为：X-iteration Terrestrial Observer Swarm，即 X 迭代地球观测系统。

· SBR：基于卫星的雷达系统。

· Space Tug：通用在轨服务的拖曳卫星（空间拖船）。

· TPF：类地行星探寻器。

· ORDSS：及时响应的灾难监视系统。

· SRS：卫星雷达系统。

· CubeSat：立方体卫星通信系统。

12.7　航天应用案例研究：X-TOS 对地观测卫星

(1) 案例研究的简要情况

> **论文名称**：X-TOS 最终设计报告
>
> **作者单位**：MIT
>
> **发表时间**：2002 年
>
> **项目背景**：见本章 124 页介绍
>
> **研究结果**：确定了 5 个系统属性，9 个设计变量，形成了 50488 个预选方案，得到了一个最佳方案，并对预选方案形成的效用-成本空间进行了多方面的分析，获取了一些有价值的信息。
>
> **权衡方案的方法**：MATE

在本书第 12.1 节"MATE 方法介绍"中对 X-TOS 卫星有一个简单的介绍。图 12-23 所示为在本次系统概念权衡研究之后进行的设计结果。

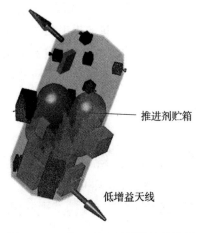

图 12 - 23　X - TOS 卫星设计的外观

X - TOS 卫星的系统概念研究工作基本上按照本书第 12.3 节 "MATE 方法的工作步骤" 展开，有些步骤的内容在介绍方法中已经作为例子进行了说明。

（2）定义任务要求和系统的范围

① X - TOS 卫星的任务要求

X - TOS 卫星项目的动机是需要改进轨道上物体的阻力预测。这种阻力与上层大气密度密切相关，而上层大气密度本身又是季节、太阳活动周期和其他条件的复杂函数。X - TOS 卫星任务的目的是收集高层大气的信息，以便改进密度预测。这种预测能力的提高将为军用和民用服务。在军事上，它将提供数据，以允许在 3 个领域进行更精确的建模——卫星跟踪、近距离/碰撞避免和轨道体再入预测。从民用角度来看，改进的再入预测将大大提高对撞击区人口稠密地区的早期预警能力。

②确认项目的利益相关者

• 设计者：美国麻省理工学院空间系统设计课程的学生，他们是该卫星系统概念的设计者。

• 用户：美国空军研究实验室。它是该卫星采集数据的处理者和使用者。

• 客户：美国航空航天公司。一旦该项目正式立项，它可能是该卫星的研发者。

• 外部的利益相关者：数据的最终使用者是北美防空司令部和美国空军、受益的公众。

③确定任务的边界和范围

确定任务的边界指的是划分技术方案或者技术手段的边界。

从实现这项任务的技术手段来看有多种，如图 12 - 24 所示：

• 在大气层中现场测量；

• 在大气层之上测量；

• 直接闪烁测量；

• GPS 遮光测量；

• 紫外线测量。

通过分析选择了技术成熟、效果较好的在大气层中现场测量的方式。在这种方式中，又包括单颗卫星和两颗卫星的配置。两颗卫星的提出是考虑到使用两颗不同轨道的卫星可能提高数据的覆盖范围，从而提高系统的效用。与单颗卫星相比，两颗卫星能够提高多少系统效用，同时又需要承受多大的成本代价是该项目要研究的问题之一。

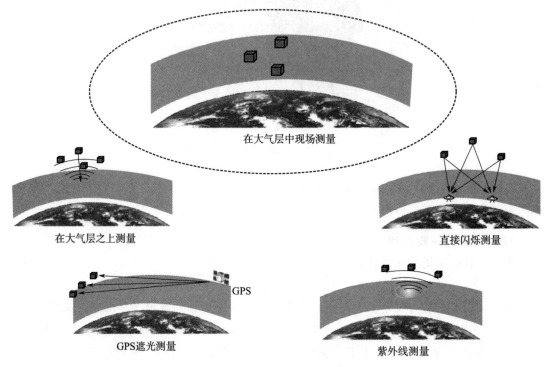

在大气层中现场测量

在大气层之上测量　　　　　　　　　　　　　　　　直接闪烁测量

GPS

GPS遮光测量　　　　　　　　　　　　　　　　　紫外线测量

图 12-24　X-TOS卫星任务边界的选择

④系统的范围

在与观测卫星合作完成测量任务的天地系统中，只将观测卫星纳入了系统的范围。而且观测卫星的测量装置已经确定，不在选择的范围内。

(3) 定义属性

X-TOS属性是根据科学用户的需求确定的。这些用户希望采用3个预先选定的测量装置（这是一种约束）在大气层不同的高度和纬度、在一段时间内收集数据，并以一定的延迟传输到地面。

定义属性的过程包括两个步骤。首先是通过头脑风暴产生一组初步的属性，然后通过分析和筛选确定正式的属性。

初步确定的属性包括：

- 获取数据的高度/km；
- 任务的寿命（月）；
- 在区域中逗留的时间/min；
- 纬度范围/ (°)；

- 数据的时间延迟/min；
- 同时的数据点（整数）；
- 数据完整性（%）；
- 定位精度/（°）；
- 定位控制精度/（°）。

正式的属性见表 12-11。

表 12-11　X-TOS 卫星的属性

属性		单位	最佳	最差
数据寿命		年	11	0.5
采样高度		km	150	1 000
采样数据中的纬度多样性		（°）	180	0
在赤道区域中逗留的时间		h/d	24	0
数据延迟	科学任务	h	1	120
	技术演示任务	h	0.5	6

对属性的说明如下：

1）数据寿命：整个任务的第一个和最后一个数据点之间的运行时间，以年为单位。

2）采样高度：一组数据样本高于标准海平面的高度，单位为 km（数据样本＝全部 3 台仪器的一次测量）。

3）采样数据中的纬度多样性：数据中包含的纬度的最大绝对变化，以度为单位。数据集定义为 150～1 000 km 之间的数据。

4）在赤道区域中逗留的时间：定义为离赤道±20°，每天在赤道地区度过的时间，用每天的小时来计算。

5）数据延迟：从收集数据到开始下行传输之间的最大时间。

a）科学任务：为美国空军研究实验室大气阻力模型使用的数据的最大延迟和最小延迟。

b）技术演示任务：演示即时采集和发送的能力，包括所需的最大延迟时间和最小延迟时间。

(4) 定义设计变量

设计师选择设计变量的原则是使得所选择的设计变量对属性的影响作用最大。X-TOS 设计变量的选择要考虑两种变量类型：一种是采集数据所在的轨道；另一种是采集数据的飞行器。

1）与轨道有关的设计变量的选择：通常定义一个卫星的开普勒轨道需要 6 个参数。这里只选择了远地点高度、近地点高度和轨道倾角 3 个轨道变量。设计师通过分析认为其他轨道变量对属性的影响不大。发生这种情况的原因有：用户看中的是采集数据的高度和纬度，而对数据采集的经度不感兴趣；采集数据的高度和纬度的范围属性是独立的，用户对采集数据所出现的高度和纬度的组合并不感兴趣。

2）与飞行器有关的设计变量的选择：除了要考虑使得所选择的设计变量对属性的影响作用最大的原则之外，还要考虑到计算能力的资源和可获取的建模的资源。

3）对连续设计变量的采样间隔的选择：设计变量有两种类型，一种是离散性的，另一种是连续性的。在形成体系结构的组合之前，应该确定连续性的设计变量的采样间隔。这种采样间隔的确定，一方面要考虑到对权衡空间覆盖的程度，另一方面要考虑对计算资源的要求。除此之外，还要考虑到用户对采样范围的偏好。例如 X - TOS 的远地点高度的采样，因为用户强调低高度的重要性，所以在远地点高度 350 km 之下，采取了密集性的采样间隔。表 12 - 12 是 X - TOS 设计变量的采样间隔以及选择的理由。

4）设计向量的形态矩阵及其采样间隔或选项的选择理由：表 12 - 12 与表 12 - 4 基本相同，但是增加了选择采样间隔的理由。

表 12 - 12　X - TOS 卫星的设计向量

设计变量		采样间隔或选项	选择采样间隔的理由
轨道参数	远地点高度/km	200～350 区间：间隔 50 650～2 000 区间：间隔 300	强调效用函数中的低高度，所以在低的高度上采用较短的间隔
	近地点高度/km	150～350 区间：间隔 50	在 150～350 km 之间，效用曲线下降幅度较大。如果航天器的飞行高度不低于 350 km，会对效用造成重大影响
	轨道倾角/(°)	0、30、70、90	覆盖可能的倾角范围
卫星参数	速度增量/(m/s)	200～1 000 区间：间隔 100	范围的低端是低地球轨道卫星的高平均值，高端是一个乐观的估计
	通信系统类型	AFSCN、TDRSS	对可获取的通信系统的选择
	天线增益	高、低	对于可以获得的通信系统天线的离散选择
	推进器类型	化学、霍尔	一个是高推力、低效率，另一个是低推力、高效率
	电源系统类型	太阳能、燃料电池	对可获取的电源系统的选择
任务场景		一颗卫星；两颗卫星，先后发射；两颗卫星，同时发射	超过两颗卫星在计算上是不现实的，因为可能的多航天器任务的数量随着 N^k 增长，其中，k 是任务场景中的航天器数量，N 是其他(航天器和轨道相关)设计变量的组合数量
由设计变量采样点组合起来的方案总数			50 488

5）预选的设计方案的形成：每个设计方案就是一个设计向量，它由 9 个设计变量组成。设计变量可能取值（即表 12 - 12 中的间隔）的组合数就是预选方案的总数。对于 X - TOS 卫星而言，这个组合数是 50 488。

（5）单属性的获取

在第 12.3.4 节彩票等概率方法中已经具体介绍了 X - TOS 纬度多样性属性的效用获取过程。其他属性的效用获取方法与此完全相同。由于获取过程是与用户交互式的过程，

而且重复性比较强，为了减轻工作量和提高工作效率，美国麻省理工学院专门研制了基于
这种方法的采集单属性效用的工具——MIST。

（6）多属性效用的获取

在 X – TOS 案例中，由单属性效用综合成多属性效用采用的是 Keeney – Raiffa 方法

$$KU + 1 = \prod_{i=1}^{n} (Kk_i U_i + 1)$$

其中的系数 k_i 是单属性效用 U_i 的加权因子，它的获得方式可由下列公式表示

$$k_i = U[x_1(\min), x_2(\min), \cdots, x_i(\max), \cdots, x_n(\min)]$$

具体的获得方式是询问用户：当属性 i 取它的最大效用值，而其他属性取它的最小效
用值时，用户所认为的综合效用为多少。在具体操作中，K 的获取与单属性效用的获取同
时由 MIST 软件用户提供。

K 是下列方程式的最大非零解

$$K + 1 = \prod_{i=1}^{n} (Kk_i + 1)$$

X – TOS 项目中各个属性权重因子的获得经历了一次迭代过程。在第 1 次权重因子获
得后，交给用户审阅时，用户发现原来提出的两个权重因子不合适，它们分别是数据的寿
命以及数据的延迟。图 12 – 25 所示为用户调整前后各属性效用加权因子的值。

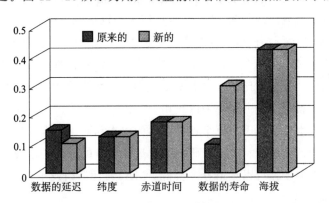

图 12 – 25　用户调整前后各属性效用加权因子

（7）建模及运行

1）建模准备：属性与设计向量之间的映射及分析。

在本书第 12.3.5 节"建立系统模型的方法"中已经介绍了建立系统模型的准备工作，
以 X – TOS 为例对系统属性与设计向量之间的关系进行了分析，并且讨论了系统模型中的
模块规划的基本框架。这里介绍如何在此基础上规划系统中的模块组成以及规划的结果。

2）模型规划：图 12 – 10 给出了用 QFD 表达的系统属性与设计变量之间的映射关系。
从这个 QFD 矩阵中可以看出，系统属性中的数据寿命、采样高度、纬度多样性、在赤道
的时间与飞行器的近地点高度、远地点高度、轨道倾角和速度增量密切相关。飞行器的这
些属性构成了飞行器的轨道特性，所以建立一个飞行器轨道的模型就可以将这些设计变量

与上述系统属性联系起来。

从 QFD 矩阵中还可以看出系统属性中数据寿命（也就是飞行器寿命）与设计变量中的远地点高度、近地点高度、速度增量、能源和任务场景有关。数据延迟与远地点高度、近地点高度、轨道倾角、通信系统、天线增益、能源系统以及任务场景有关。构建一个飞行器模块就可以将飞行器寿命和数据延迟这两个系统属性与这些设计变量联系起来。

还需要构建一个发射模块。尽管这个模块与系统属性没有直接的关系，但是通过这个模块可以确定运载火箭的类型以及发射成本。而发射成本是成本模块的一个重要输入。

在上述的模型建造过程中，轨道模块和飞行器模块分别给出了根据概念设计方案的设计变量获得系统属性的过程。下面还有两个重要的任务要完成，一个任务是要建立一个模块，将由设计变量获得的系统属性转化为多属性效用，这就是效用模块；另一个任务是要获取整个任务的成本估计，这就是成本模块。飞行任务成本的估计有多种方法，这里作为例子给出的是采用《空间任务分析和设计》一书中的方法。对运行成本的估计则采用了 NASA 的空间运行成本模型。

系统模型中还有一个卫星数据库。几个系统模块的输出数据都存到这个数据库中，同时还可以从这个数据库中获取它们所需要的数据。

系统模型中最后一个模块就是已经提到的效用模块。该模块从卫星数据库中获取与设计向量所对应的系统属性，然后根据多属性效用理论计算出多属性效用。

通过上述分析以后就形成了图 12-26 所示的 X-TOS 系统模型中模块的组成。

3）模型的实现与运行：模型软件的实现是在 Matlab 平台上进行的。与卫星轨道有关的模型，则借助了卫星工具箱 Satellite Tool Kit（STK）来实现。系统建模是系统概念设计的一项基础性工作，工作量比较大，需要多个学科的系统设计人员参与。但是一个系统模型一旦建立以后，就可以在一定范围内重用。

模型的运行要产生多达成千上万个预选方案的成本和效用数据。如何将这些海量的数据用多属性权衡空间的图形表示，便于研究人员进行有效的分析，就需要数据视觉化的工具支持。这种视觉化的工具可以从第三方获得。MATE 团队研发了自己的工具 VisLa。

(8) 权衡空间探索

1）**全局状况**：图 12-27 给出的是卫星数目这个技术变量在权衡空间中的表现。作为技术变量，卫星数目取了 3 种值。一种是发射一颗卫星，另一种是顺次发射两颗卫星，第三种是同时发射两颗卫星。图中分成了两个不同的区域，左边这个稍微小一些的区域表示的是发射一颗卫星在权衡空间的分布，右边这个稍微大一些的区域表示的是发射两颗卫星形成的系统的分布情况。在彩色的原图中，顺次发射和同时发射这两种设计在权衡空间中几乎重叠在一起。从整体上来看，发射两颗卫星的设计效用仅仅提高很少一点，而成本却增加了一倍左右。这说明发射两颗卫星的设计是不可取的。

2）**最佳方案**：图 12-28 是将图 12-27 中单颗卫星的区域截取了出来，并进行适当放大形成的权衡空间。在这个图的左上方，很容易发现一个成本最小、效用最大的帕累托前沿，它是在这个权衡空间中唯一的胜出者。在 MATE 中，这种情况是少见的。

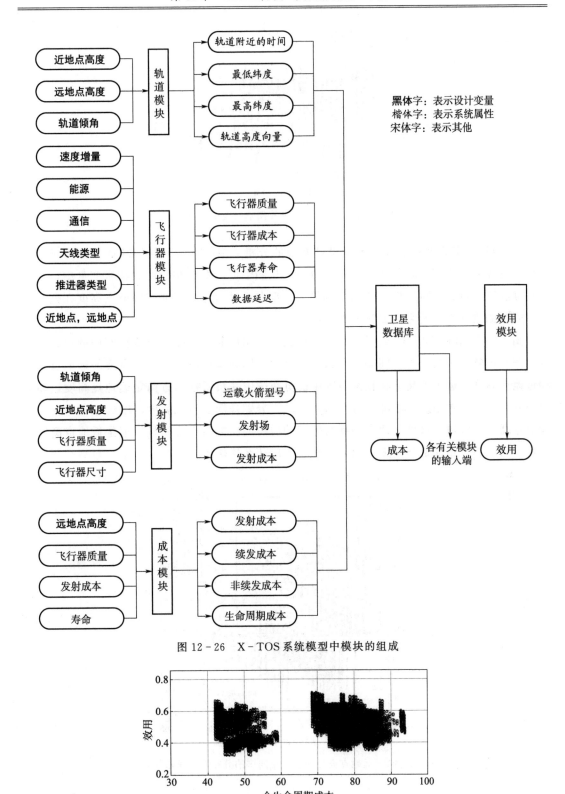

图 12-26　X-TOS 系统模型中模块的组成

图 12-27　完整的权衡空间（见彩插）

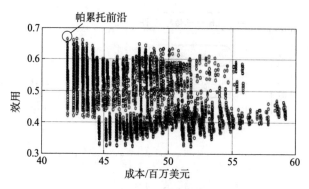

图 12 - 28　单颗卫星的权衡空间及最佳方案

　　3) **对远地点高度和近地点高度设计变量的分析**：图 12 - 10 采用 QFD 的方法对系统属性与设计变量之间的映射关系进行了分析。从图中可以看出在所有的技术变量中，远地点高度和近地点高度对属性整体的影响最大。现在通过远地点高度和近地点高度在整个权衡空间中的表现看一看它们发挥的作用。

　　图 12 - 29 和图 12 - 30 分别表示了远地点高度和近地点高度在权衡空间中的分布。这两个图与单颗卫星的权衡空间完全一致，只是用不同的颜色表示了设计方案的远地点高度和近地点高度。远地点高度在权衡空间中的分布图中箭头所指的方向是远地点高度逐渐降低的方向，也是效用逐渐增加的方向。从上至下分别是低远地点高度、中远地点高度和高远地点高度的区域。这种远地点高度与效用的逆相关性关系十分明显，但是近地点高度在权衡空间中的分布却是杂乱无章的，似乎看不出什么规律。

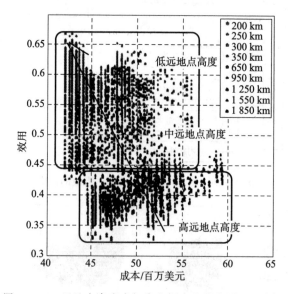

图 12 - 29　远地点高度在权衡空间中的分布图（见彩插）

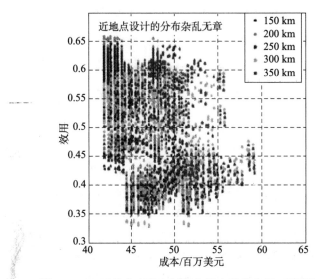

图 12-30　近地点高度在权衡空间中的分布图（见彩插）

为了分析近地点高度在权衡空间中的分布规律，并将它与远地点高度在权衡空间中的分布规律进行对照，下面分别给出这两个分布中最左侧的一个窄带的放大图。在图 12-31 远地点高度的局部放大图中可以观察到与在它原始比例的全图中相同的规律；图 12-32 也被分成了 3 个区域，低、中、高近地点高度的区域分别处于高、中、低效用的位置。与原图的杂乱无章不同的是，在这个局部放大图中可以观察到一种规律：图中的高、中、低效用各个区域内都出现了不同近地点高度的值。在各个区域中近地点高度的值都沿着箭头的方向降低，也就是说，在这个区域内近地点高度的值越小，其效用越大。这说明近地点高度在权衡空间的全局对效用的作用很小，但是在权衡空间的局部对效用的作用较大。

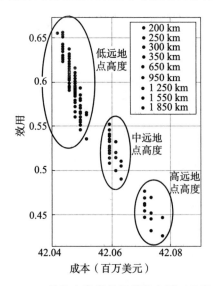

图 12-31　远地点高度的局部放大图（见彩插）

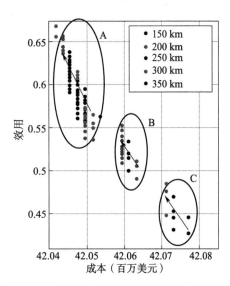

图 12-32　近地点高度的局部放大图（见彩插）

参 考 文 献

［1］ 2014 Concept Design and Tradespace Exploration.

［2］ 2013 Ranking CubeSat Communication Systems Using a Value – centric Framework.

［3］ 2009 MIT ESD. 33 systems engineering，Session 7：Concept Design and Tradespace Exploration SEAri Short Course Series：PI. 27s Value – driven Tradespace Exploration for System Design.

［4］ 2003 Multi – Attribute Tradespace Exploration with Concurrentdesign as a Value – Centric Framework for Space System architecture and Design.

［5］ 2007 MIT 16. 89J /ESD. 352J Space Systems Engineering：X – TOS Final Design Report.

［6］ 2002 Utilizing Multiple Attribute Tradespace Exploration with Concurrent Design for Creating Aerospace Systems Requirements.

［7］ 2005 The Tradespace Exploration Paradigm.

［8］ 2010 Revisiting the Tradespace Exploration Paradigm.

［9］ 2004 SSPARC Thrust 2 and 3 Final Report.

［10］ 2005 Space Mission Analysis and Design.

第 13 章　多种方法的综合应用

在前面介绍的 8 种概念选择方法中，可以看到一些方法相互使用的例子。比较多的情况是使用 AHP 产生它们所需要的权重。这里再介绍两个内容比较丰富的、多种方法的综合应用案例。

13.1　AHP＋QFD＋Pugh 应用于大推力发动机

(1) 案例简介

公司背景：美国联合太空联盟（United Space Alliance，USA）由波音公司和洛克希德·马丁公司共同拥有。它成立于 1996 年，承担了 30 多个支持航天飞机计划的后续合同和国际空间站的任务，于 2019 年 12 月 20 日解散。

任务背景：2004 年，USA 与波音公司、洛克希德·马丁公司、Alliant Techsystems，Inc（ATK）和 Rocketdyne（现在的 Pratt & Whitney Rocketdyne）共同接受了 NASA 的一项任务，参与航天飞机衍生运载火箭的协同研究。USA 在该团队中的责任是根据运行概念来权衡运载器的配置和相应的基础设施需求，然后评价最终体系结构的全生命周期成本。18 个月的研究结果是使用现有技术和创新技术，货运和载人大推力运载火箭在管理和技术上都是可行的。

NASA 的要求是：NASA 计划开展研究潜在的大推力运载器和空间转移运载器概念的权衡空间。重点是在系统和子系统层面上满足多个最终用户（NASA、DoD、商用客户、国际合作者等）在可承受性、可操作性、可靠性和通用性方面的要求。

技术报告简介：报告名称——大推力和推进技术的系统分析和权衡研究之最终报告。2011 年上报给 NASA 总部。2019 年发布，全文 199 页，其中，50 多页被涂黑。但是权衡方法的部分尚可阅读。

对概念进行权衡分析的方法：准备过程包括两个方面，形成待权衡的运载火箭发动机配置的备选方案，根据客户需求形成的权衡标准。然后进行权衡选择，过程中综合应用了 AHP、QFD 和 Pugh 矩阵等方法。

评价结果：提出 38 个运载器方案，5 个客户的声音，15 个客户关键需求，优选出来 15 个系统属性作为评价准则，选出 28 个运载器分别参与 6 种配置要求的评价，得到了 6 个优胜方案。

（2）系统分析和权衡研究的流程

图 13-1 所示为系统分析和权衡研究的流程。

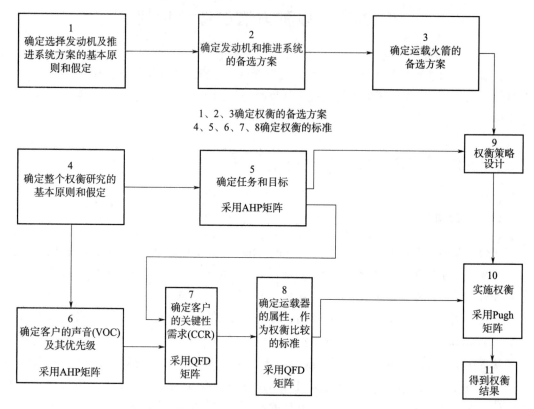

图 13-1　系统分析和权衡研究的流程

（3）确定权衡的备选方案

确定权衡的备选方案由图 13-1 中的 1、2、3 过程组成。

步骤 1：确定选择发动机及推进系统方案的基本原则和假定（GR&A）。这是确定权衡备选方案的基础和约束

GR&A 的依据是 NASA 马歇尔航天飞行中心定义的 BAA 技术目标和 NASA 空间发射系统团队提出的 GR&A。发动机及推进系统方案的 GR&A 包括发动机及推进系统分析的 GR&A、安全性和可靠性系统分析的 GR&A 两个方面。

1）发动机及推进系统分析的 GR&A，包括 11 个方面的约束，每个方面的约束都包含若干项具体内容。由于篇幅所限，这里每个方面的约束都只给出了一个例子。

· 轨道和上升剖面——轨道通用的 GR&A

例如：货运任务的加速度不能超过 $5g$。载人任务的加速度不能超过 $4g$。

· 轨道和上升剖面——轨道的 GR&A

例如：近地点和远地点相对于一个半径等于地球平均赤道半径的球形地球。

· 有效载荷的整流罩

例如：整流罩是双锥形的。整流罩的材料是 Al2195。

• LEO 整流罩的容积

例如：整流罩为 $\phi7.5$ m×25 m 的圆柱形。

• 除 LEO 之外轨道的整流罩的容积

例如：整流罩为 $\phi7.5$ m×9 m 的圆柱形。

• 发射中止系统和助推保护盖

例如：它们的质量分别为 16 005 lb（1 lb≈0.454 kg）和 2 331 lb。

• 内联空气动力学

EV33 为 HLL Ⅴ 2.5 级产生的三自由度气动基础力。

• 重量和尺寸

例如：推进剂的密度：LOX：71.04 lbm/ft³，LH2：4.404 lbm/ft³，RP：50.50 lbm/ft³。

• 推进器的安置

例如：末级装载整个的 FPR。

• 结构

例如：运载火箭安全系数＝ 1.4 倍极限强度。

• 结构——对材料特性的假设

例如：芯级全部使用 Al－Li 2195。

2）安全性和可靠性系统分析的 GR&A。

例如：发射系统应该设计成在加速度为 $10g$ 时中止。

步骤 2：确定发动机和推进系统的备选方案

在发动机及推进系统方案的基本原则和假定 GR&A 的约束下确定了备选的发动机及推进系统的方案，包括：芯级 20 个、第一级/助推级 9 个、第二级/上面级 16 个、空间级 25 个，并且给出了它们的性能参数。

步骤 3：确定运载火箭的备选方案

在发动机及推进系统方案的基础上，总共给出了 38 个运载器方案，每个方案都包括助推级、芯级和上面级的发动机配置，以及有效载荷的质量范围。这些方案将按照后面的权衡策略有选择地进入权衡过程。

（4）确定权衡标准

该任务由图 13－1 中的 4、5、6、7、8 步骤过程组成。先后确定"客户的声音"（VOC）、客户的关键性需求（CCR）和运载器的属性，由抽象到具体，最后形成可操作的权衡标准。

步骤 1：确定整个权衡研究的基本原则和假定

整个权衡研究的 GR&A 包括以下 4 个方面的约束：

1）运载器权衡研究的 GR&A。

• 技术成熟度；

• 有效载荷定义；

- 有效载荷的富余；
- 安全性和可靠性方面的要求，包括 6 个方面；
- 所有发动机及运载器都已经达到运行成熟；
- 所有终态（非进化式的）发动机及运载器都是载人级别的；
- 没有发动机熄火能力（No Engine – out Capability）；
- 所有丧失任务的事件应该立即启动中止机制。

2）安全性和可靠性权衡研究 GR&A（略）。

3）成本权衡研究 GR&A（略）。

4）运行权衡研究 GR&A（2 条）。

任务和目标的实现不得晚于 2030 年。

步骤 2：确定 VOC 及其优先级

考虑这个问题的出发点是 NASA 在 BAA NNM10ZDA001K 文件中的论述。该陈述要求该项研究的重点是在系统和子系统层面上满足多个最终用户（NASA、DoD、商用客户、国际合作者等）在可承受性、可操作性、可靠性和通用性方面的要求。"

在考虑到 NASA 总部和 MSFC 的其他文件后，确定了以下 5 个 VOC：

- 可承受性：在预算管理办公室预算限制范围内，达到 VOC 的目标。
- 性能：大推力运载的能力应能满足最大数量的参考任务。
- 可靠性：达到 NASA 可靠性和安全标准所需的措施，包括任务保证、质量和安全。
- 工期：达到最快的飞行发射里程碑。
- 可操作性：以最少的资源和较少的工期，为多个客户、任务和有效载荷提供体系结构（运载系统、地面/任务系统）。

对 VOC 使用 AHP 方法得到了它们各自的权重：

- 可承受性：47%；
- 性能：25%；
- 可靠性：14%；
- 工期：10%；
- 可操作性：4%；

采用 AHP 方法获得权重的过程见表 13 - 1。

表 13 - 1　采用 AHP 方法获得权重的过程

	可承受性	工期	可操作性	性能	可靠性	归一化打分之和	权重
可承受性	1.000	5.000	7.000	3.000	5.000	2.371	0.474
工期	0.200	1.000	5.000	0.333	0.333	0.493	0.099
可操作性	0.143	0.200	1.000	0.143	0.200	0.13	0.037
性能	0.333	3.000	7.000	1.000	3.000	0.727	0.245
可靠性	0.200	3.000	5.000	0.333	1.000	2.371	0.145
	1.876	12.200	25.000	4.819	9.533	5.000	1.000

步骤 3：确定 CCR

VOC 是客户的原则性要求，对于评价技术方案而言，还没有可操作性。需要先将它转化成具体的对开发方的需求，然后再转化成可供权衡比较的需求。但是客户的需求内容十分多，难以全部用作评价方案的标准。所以报告中只选择了数量有限的 CCR 来作为进行权衡分析的准则。

表 13 - 2 是与 5 个 VOC 所对应的 15 个客户的关键需求及其优先级。CCR 优先级是采用图 13 - 2 的 QFD 矩阵获取的。

表 13 - 2　CCR 及其优先级

VOC	CCR	优先级得分
可承受性	使 DDT&E 成本最低	5.8
	使运载火箭的全生命周期成本最低	4.9
	使地面和任务系统的全生命周期成本最低	1.7
	使处理和运行的成本最低	5.3
工期	尽快提供初始的大推力运载器的有效载荷能力	5.0
	尽快提供载人的大推力运载器的能力	5.8
	尽快提供最终大推力运载器的有效载荷能力	4.2
可操作性	在初始运行能力之后对运行模型的影响最小	4.6
	增加处理和运行体系结构的能力	2.0
性能	为低地球目标提供大推力运载器的能力	4.2
	为近地球目标提供大推力运载器的能力	7.2
	为地球之外的探索提供大推力运载器的能力	5.7
可靠性	提供比当前美国运载器市场更可靠的大推力运载器的能力	3.8
	提供比当前美国发射系统更安全的大推力运载器的能力	2.2
	提供比当前美国载人发射系统更安全的大推力运载器的能力	3.6

步骤 4：系统的属性需求

这个步骤是将 CCR 转化为系统的属性需求，并采用 QFD 方法得到属性需求的优先级，同时还给出系统属性的可度量目标。根据它们的优先级，选取优先级较高的 15 个属性需求作为下面权衡的标准，如图 13 - 3 所示。

根据 QFD 矩阵分析的结果，从 23 个系统的属性需求中选出了 15 个，表 13 - 3 给出了这 23 个系统属性的优先级以及选择出来的 15 个系统属性。

(5) 权衡策略设计

该报告并不是将所有的系统方案放到一起进行权衡比较，而是根据任务和目标分成几组，每组有不同的权衡重点。根据每组的重点选取不同的系统方案进行权衡比较。在总共38 个运载器方案中，其中 28 个进入了权衡分析过程。

整个权衡分成最终状态的配置（即非进化的单个运载器）和可进化的运载器族群配置两大类。

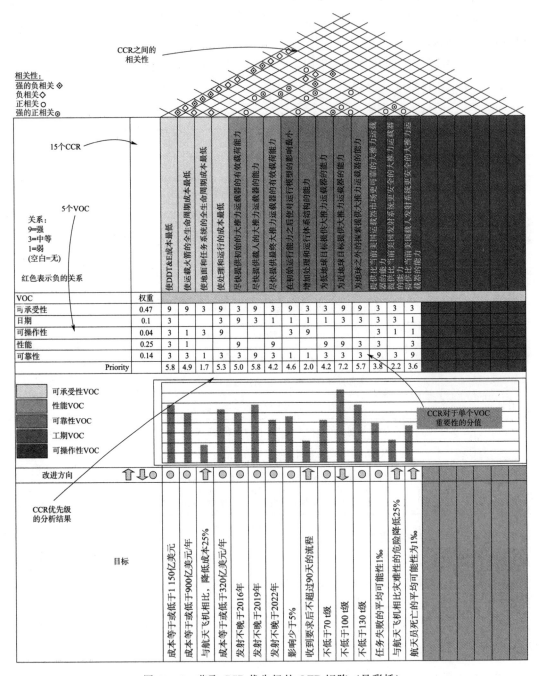

图 13-2　获取 CCR 优先级的 QFD 矩阵（见彩插）

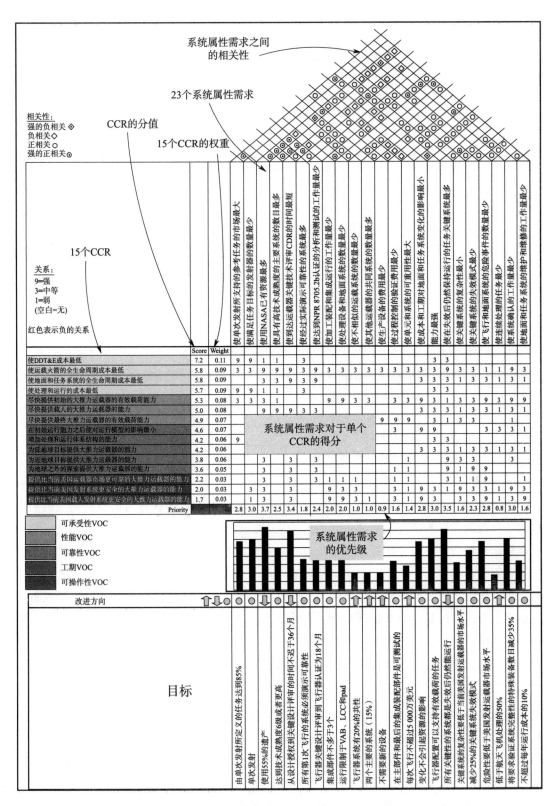

图 13-3　系统属性需求的 QFD 矩阵（见彩插）

表 13-3　系统属性需求的 23 项内容、优先级以及筛选情况

系统属性需求	优先级	备注
使单次发射所支持的参考任务的市场最大	2.8	
使满足任务目标的发射器的数量最少	3	
使用 NASA 已有资源最多	3.7	
使具有高技术成熟度的主要系统的数目最多	2.5	
使到达运载器关键技术评审 CDR 的时间最短	3.4	
使经过实际演示可靠性的系统最多	1.8	
使达到 NPR 8705.2b 认证的分析和测试的工作量最少	1.4	
使加工装配和集成运行的工作量最少	2	
使处理设备和地面系统的数量最少	2	
使不相似的运载系统的数量最少	1.0	放弃
使其他运载器的共同系统的数量最多	1	放弃
使生产设备的费用最少	0.9	放弃
使过程控制的验证费用最少	1.6	放弃
使单元和系统的可重用性最大	1.6	放弃
使成本和工期对地面和任务系统变化的影响最小	2.8	
能力最强	3	
使在失效后仍然保持运行的任务关键系统最多	3.5	
使关键系统的复杂性最小	1.6	放弃
使关键系统的失效模式最少	2.3	
使飞行和地面系统的危险事件的数量最少	2.8	
使连续处理的任务最少	0.8	放弃
使系统确认的工作量最少	3	
使地面和任务系统的维护和维修的工作量最少	1.0	放弃

　　最终状态的配置又分成 4 组，分别以助推器、类似土星的运载器与类似航天飞机的运载器、分段的固体和单一的固体以及芯级为 LOX/RPI 的运载器作为关注重点，选择前面已确定运载火箭的备选方案进行权衡比较。在对以助推器为重点的权衡后，又对其结果进行了差距分析。将其中一个方案的助推器进行修改又进行了权衡，得到了新的结果。

　　可进化的运载器族群配置分成两组，分别对几个可相互进化的运载器族群进行权衡和在逻辑上分组的运载器族群进行权衡。在对第 2 组进行权衡后，又对其结果进行了差距分析，将其中一个方案的芯级更换为更加成熟的发动机，得到了新的权衡结果。

　　图 13-4 所示为最终状态的配置组中以助推器为关注重点的权衡分析的 4 个运载器的配置。

(6) 权衡结果

　　权衡是分别对 4 组最终状态配置以及 2 组可进化的运载器族群配置开展的。每次权衡都采用普氏矩阵法，将前面得到的 15 个系统的属性需求作为权衡的标准，选择权衡方案中的某一个方案作为基线，其他方案与它进行比较打分。作为例子，表 13-4 给出了最终状态的配置组中以助推器为关注重点的权衡分析普氏矩阵。

　　最后的权衡策略设计的结果以及权衡的结果见表 13-5。

部件的灰度图例
固体推进剂　固体火箭助推器
液氢
液氧
液体火箭推进剂-1

运载器名称	LV-275-5 RS25-5S-1.J2X	LV-275-5 RS25-4S-1.J2X	LV-330-6 RS68-2.2RP-2.J2X	LV-275-5 RS68-4MS-1.J2X
几何尺寸	ϕ27.5 ft 可延展的高度	ϕ27.5 ft 可延展	ϕ33 ft 可延展	ϕ27.5 ft 可延展
助推器	2x 5-segment 聚丁二烯-丙烯腈	2x 4-segment 聚丁二烯-丙烯腈	2x 2X 1.25 Mlbf 液氧/火箭推进剂-1	4x 795 klbf 单体液态火箭助推器
芯级发动机	5x RS-25D	4x RS-25D	6x RS-68A	5x RS-68A
上面级发动机	1x J-2X	1x J-2X	2x J-2X	1x J-2X
近地轨道质量	123~129 t	110~118 t	136~142 t	118~124 t

图 13-4　最终状态的配置组中以助推器为关注重点的权衡分析的 4 个运载器的配置（见彩插）

表 13-4　最终状态的配置组中以助推器为关注重点的权衡分析普氏矩阵

#	需求	标准权重	基线	选项1	选项2	选项3
1	使用NASA已有资源最多	3.7	b	+	--	--
2	使在失效后仍然保持运行的任务关键系统最多	3.5	b	s	+	s
3	使到达运载器关键技术评审CDR的时间最短	3.4	b	+	--	--
4	使满足任务目标的发射的数量最少	3.0	b	-	s	s
5	使为任务目标而裁剪运载器配置的能力最大	3.0	b	--	+	+
6	使需要确认的系统的复杂性和数量最小	3.0	b	+	++	++
7	使单次发射所支持的参考任务的市场最大	2.8	b	-	+	s
8	使成本和工期对地面和任务系统变化的影响最小	2.8	b	-	+	+
9	使飞行和地面系统的危险最少	2.8	b	+	+++	+
10	使具有高技术成熟度的主要系统的数目最多	2.5	b	++	--	s
11	使达到NPR 8705.2b认证的分析和测试的工作量最少	2.4	b	+	--	--
12	使系统的失效模式最少	2.3	b	+	-	+
13	使加工、装配和集成运行的工作量最少	2.0	b	+	+++	++
14	使处理设备和地面系统的数量最少	2.0	b	s	+	+
15	使演示的可靠性最高	1.8	b	+	-	s
	和		0	5	1	4
	得分		0	11.8	1.2	7.3

图例	
+++	好得非常多
++	好得多
+	好一些
s	同样
-	差一些
--	差得多
---	差得非常多
b	基线

任务名称　LE-EO-1　（有效载荷>20 t）

待选择的配置	运载器名称
基线	LV-275-5 RS25-5S-1.J2X
选项1	LV-275-5 RS25-4S-1.J2X
选项2	LV-330-6 RS68-2.2RP-2.J2X
选项3	LV-275-5 RS68-4MS-1.J2X

客户要求的可承受性
客户要求的性能
客户要求的可靠性
客户要求的工期
客户要求的可操作性

表 13 - 5　权衡策略设计的结果以及权衡的结果

权衡类型	权衡名称	关注重点	权衡分支	权衡方案	结果
最终状态的运配置（非进化的单个运载器）	Trade 1 – Trial Case 1	助推器	Trade 1 – Trial Case 1	4 种方案	方案 1 得分最高
			Trade 1 – Trial Case 1A	对 Trial Case 1 进行差距分析，改变方案 2 的助推器	方案 2 得分最高
	Trade 2 – Trial Case 2	对类似土星的运载器与类似航天飞机的运载器进行比较		包括类似土星的运载器与类似航天飞机的运载器的 4 种运载器	方案 2 得分最高
可进化的运载器族群配置	Trade 3 – Trial Case 3	对几组可相互进化的运载器族群进行权衡		4 种方案，每一种方案分别由 6、4、4、5 个可相互进化的运载器组成	方案 0 胜出
最终状态的配置（非进化的单个运载器）	Trade 4 – Trial Case 4	分段的固体和单一的固体		2 个 5 段和 2 个 4 段原有的固体助推器与 1 个已知的大型单一固体助推器进行比较	单一助推器得分最高
	Trade 5 – Trial Case 5	芯级为 LOX/RPI 的运载器		4 种方案。芯级为 LOX/RPI，助推器和上面级不同	方案 1 和方案 2 得分最高
可进化的运载器族群配置	Trade 6 – Trial Case 6	技术步骤在逻辑上分组的运载器族群		4 种方案，每一种方案分别由 3 个相互进化的运载器组成	方案 3 胜出
			Trade 6 – Trial Case 6A	对 Trial Case 1 进行差距分析，将方案 1 的芯级更换为更加成熟的发动机	方案 1 得分最高

13.2 AHP+QFD+Pugh+TOPSIS 应用于金星探索

(1) 案例简介

> **论文名称**：应用于金星现场探测器的系统概念探索方法；
>
> **作者单位**：乔治亚理工学院；
>
> **发表时间**：2008 年；
>
> **项目背景**：NASA 2006 年在它的太阳系探索路线图中提出了今后 30 年内 6 个新领域级别的任务。金星现场探测 Vise 就是其中之一。Vise 的任务主要有两个：一个是研究金星大气组成的空中任务，另一个是降落到金星表面采样，然后将样品带到一定的高度，供进一步的分析。它的预计成本控制在 6.5 亿美元。最早的发射时间在 2013 年。20 年来，没有任何的飞行器在金星的大气层中进行测量或者降落到金星的表面；
>
> **研究结果**：重点对 6 个系统概念进行了详细权衡，最后获得了它们的优先级排序；
>
> **权衡方案的方法**：主要有 AHP 方法、QFD 方法、普氏矩阵法和 TOPSIS 方法。

(2) 评价步骤

用于进行金星现场探索任务的多种方法综合使用的权衡过程可以分成 6 个步骤。它们之间的关系和采用的具体方法如图 13-5 所示。这些方法在本书的前面部分已经做过专门的介绍，这里就不再赘述了。从图 13-5 可以看出，对方案的评价先后采用了普氏矩阵和TOPSIS 两种方法进行。

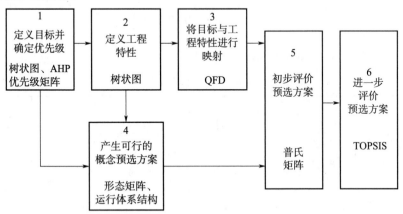

图 13-5 评价步骤

本权衡研究包括以下 6 个步骤：

- 定义目标并确定优先级；
- 定义工程特性；
- 将目标与工程特性进行映射；
- 产生可行的概念预选方案；

- 采用普氏矩阵法初步评价预选方案；
- 采用 TOPSIS 方法进一步评价预选方案。

步骤 1：定义目标并确定优先级

定义目标就是对用户需求采用层次化的分析方法得到一些具体的用户目标。这里采用了树状图的形式，首先将用户需求分解成科学收获、航天器属性和项目需求，然后再将它们分别分解成表面分析、大气研究，可移动性、可生存性和通信，按时完成任务、简化任务、可承受性、潜在的可扩展性和技术演示，如图 13 - 6 所示。

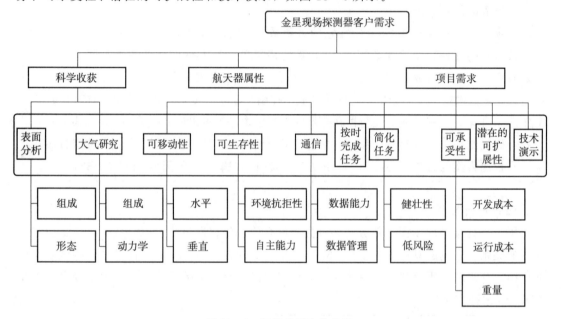

图 13 - 6　目标的层次化分解

然后采用 AHP 优先级矩阵来确定目标之间的相对重要性，见表 13 - 6。

表 13 - 6　采用 AHP 方法获取目标的权重

	表面分析	大气研究	可移动性	可生存性	通信	按时完成任务	简化任务	可承受性	技术演示	潜在的可扩展性
表面分析	1	2	3	1/2	9	4	2	1	1	6
大气研究	1/2	1	2	1/3	9	3	1	1/2	1/2	4
可移动性	1/3	1/2	1	1/5	4	1	1/2	1/3	1/2	2
可生存性	2	3	5	1	9	6	2	2	3	9
通信	1/9	1/9	1/4	1/9	1	1/3	1/9	1/9	1/9	1/2
按时完成任务	1/4	1/3	1	1/6	3	1	1/3	1/4	1/3	2
简化任务	1/2	1	2	1/2	9	3	1	1/2	1	5
可承受性	1	2	3	1/2	9	4	2	1	1	7
技术演示	1	2	2	1/3	9	3	1	1	1	5
潜在的可扩展性	1/6	1/4	1/2	1/9	2	1/2	1/5	1/7	1/5	1

AHP 优先级矩阵的分析结果，见表 13 - 7。

表 13 - 7 目标（即准则）的得分和排序

准则	得分	排序
表面分析	0.149	3
大气研究	0.093	6
可移动性	0.050	7
可生存性	0.248	1
通信	0.015	10
按时完成任务	0.040	8
简化任务	0.105	5
可承受性	0.152	2
技术演示	0.124	4
潜在的可扩展性	0.024	9

步骤 2：定义工程特性

工程特性指的是工程师们从技术上如何满足客户要求的系统特性。这里采用树状图从项目方面、任务剖面和硬件特性 3 个方面对工程特性进行分解，得到了图 13 - 7 所示的 12 个工程特性。

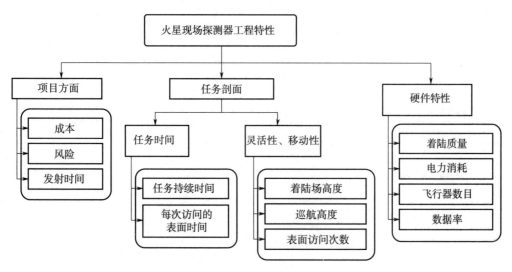

图 13 - 7 采用树状图对工程特性进行分解

步骤 3：将目标与工程特性进行映射

前面说到工程特性是工程师们如何从技术上满足目标要求的特性，接着要将工程特性与目标要求映射起来，并且考察这些工程特性对于目标要求的相对重要性。这里采用的是 QFD 方法，如图 13 - 8 所示。

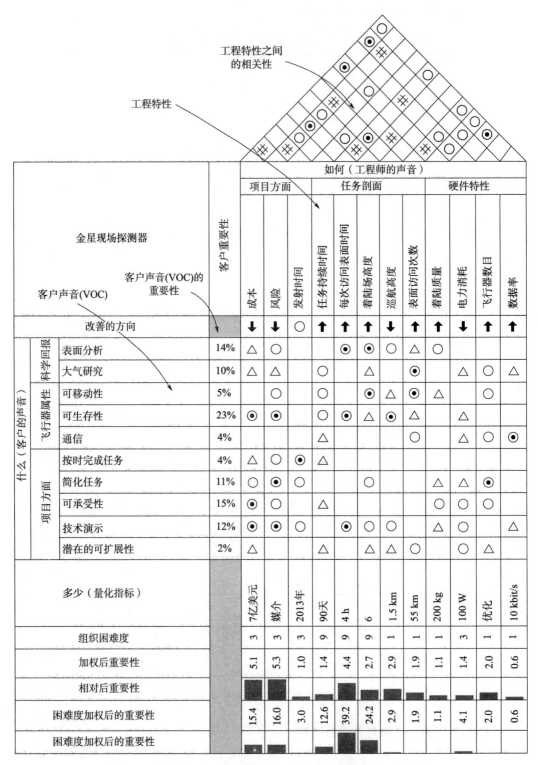

图 13-8　采用 QFD 方法将目标与工程特性进行映射（见彩插）

图 13-8 中上方的大三角区域表示工程特性之间的相关性。井号、空圆圈和靶心圆圈分别表示负相关、正相关和强烈的正相关。图中的中间部分表示的是工程特性与客户需求的相关性。三角形、空圆圈和靶心圆圈分别表示了工程特性对于客户需求的弱相关、有些相关和强烈相关，它们分别对应的数值是 1、3、9。

图 13-8 中下方表示的是通过 QFD 分析的工程特性的重要性，表 13-8 是与此有关的内容。其中，加权重要性是每个工程特性的得分与相应的客户需求的权重相乘，然后求和的结果。组织困难度或者困难度是达到目标值的感知难度。在 12 个工程特性中，风险和成本的得分最高。但是如果进一步考虑到了"组织困难"这个权重因素后，情况便发生了变化。表面时间/访问和表面访问的次数成了重要性最高的工程特性。

表 13-8 困难度加权后的工程特性重要性

	成本	风险	发射时间	任务持续时间	表面时间/访问	表面访问的次数	着陆地点的高度	巡航高度	着陆质量	功率需求	飞行器的数量	最大数据率
困难度	3	3	3	9	9	9	1	1	1	3	1	1
加权重要性	5.1	5.3	1.0	1.4	4.4	2.7	2.9	1.9	1.1	1.4	2.0	0.6
困难度加权重要性	15.4	16.0	3.0	12.6	39.2	24.2	2.9	1.9	1.1	4.1	2.0	0.6

步骤 4：产生可行的概念预选方案

在本书的第 4.1 节已经介绍了采用形态矩阵产生系统概念预选方案的方法。

在 VISE 的项目中，为了获得新项目潜在的方案，对 VISE 的航天飞行器和任务进行了物理的分解和功能的分解。物理的分解形成了空间飞行器特征的选项，包括数据中继、能源、热控方法、结构和着陆方法以及高水平体系结构的方案，例如着陆器平台、飞行器的种类和飞行器的数量。功能的分解产生了发射、星际间的转移、轨道插入、进入—下降—着陆以及科学测量等选项。

表 13-9 和表 13-10 所示为金星现场探测器的形态矩阵，这两个表只给出了可选项的数目，可选项的内容在图 13-9 中给出。

表 13-9 金星现场探测器的形态矩阵：结构和配置部分

工程特性:结构和配置部分	着陆器配置						结构材料	运载器数目	
	数据中继	着陆器平台	电池供给	有源热控系统	无源热控系统	着陆装置		着陆器数目	轨道器数目
可选数	3	9	5	4	2	5	3	4	5

表 13-10 金星现场探测器的形态矩阵：任务部分

工程特性:任务部分	离开地球			金星进入、下降和着陆方法	金星轨道插入	金星表面研究			金星大气研究	
	发射系统	传送器类型	直达金星			组成成分	测震	测绘	组成成分	大气动力学
可选数	4	3	2	5	4	2	2	2	2	2

根据前文 4.1 节的公式，潜在的方案总数为表 13 - 9 和表 13 - 10 中所有可选数的乘积，即 12 441 600 000。再根据工程经验，将图 13 - 9 中不合理的项目删掉，如图中的深色部分所示。

工程特性	可选项的数目									No.of Opt's
	1	2	3	4	5	6	7	8	9	
1. 结构和配置										
1.1 着陆器配置										
1.1.1 数据中继	从表面直接传送	升起后中继	通过轨道器中继							3
1.1.2 着陆器平台	推进式	Rigid Bellows	机械式	金星飞机	直升机	气球滑行器	气球-气泵	气球-可燃气体	气艇	9
1.1.3 电池供给	太阳板	燃料电池	传统 RTG	ASRG	金星现场					5
1.1.4 有源热控系统	低温冷却剂	热	二氧化碳相变	其他相变装置	无					5
1.1.5 无源热控系统	真空隔热	集中器气凝胶								2
1.1.6 着陆装置	常规	轮子	可压碎的	充气的	无					5
1.2 结构材料	铝	钛	复合材料							3
1.3 运载器数目	仅有着陆器	着陆器和轨道器								
1.3.1 着陆器数目	1	2	3	4						4
1.3.2 轨道器数目	0	1	2	3	4					5
2. 任务										
2.1 离开地球										
2.1.1 发射系统	阿特拉斯	德尔它	阿里安	俄罗斯						4
2.1.2 传送器类型	Spiral	直接插入	低能量传送							3
2.1.3 直达金星	是	否								2
2.2 金星进入、下降和着陆方法	Buoyancy	推力	降落伞	组合式	其他					5
2.3 金星轨道插入（轨道器）	大气捕获	推力	组合	大气制动						4
2.4 科学										
2.4.1 表面研究										
2.4.1.1 组成成分	是	否								2
2.4.1.2 测震	是	否								2
2.4.1.3 测绘	是	否								2
2.4.2 大气研究										
2.4.2.1 组成成分	是	否								2
2.4.2.2 大气动力学	是	否								2
						方案的组合数		12 441 600 000		

图 13 - 9　可选方案生成的形态矩阵

研究团队在形态矩阵中删除了一些明显不合理的特性选项之后，选择了 6 种体系结构的概念。它们是传统的、低成本的、创新式的、进化式的、先进的和分布式的方案。图 4 - 3 给出了传统式体系结构的概念在形态矩阵中特性的各个选项的情况，如图 4 - 3 中的灰色部分。

图 13 - 10 所示为传统式的 VISE 概念描述图。它包括轨道器、大气层中的巡航器和金星表面上的着陆器。

步骤 5：采用普氏矩阵法初步评价预选方案

研究团队对上述 6 种方案进行了分阶段的评价。首先采用普氏矩阵法进行评价，评价准则是在"步骤 3：将目标与工程特性进行映射"中给出的 12 个工程特性。评价中还需要一个作为对比标准的参考任务，研究团队选取了 1982 年登陆金星的 Venera 13。6 种方案对照 12 个评价准则分别与 Venera 13 的基线数据进行对比。优于基线的用加号表示，劣于基线的用减号表示，类似的用 s 表示。这里之所以采用优劣的概念，而不采用高低的概念来进行评价，其原因并不是所有的特性数值越高越好，例如成本和风险。每种概念的最后得分是将加号的数目减去减号的数目。评价情况见表 13 - 11。这次评价的结果显示概念 1 传统方案的得分最高。

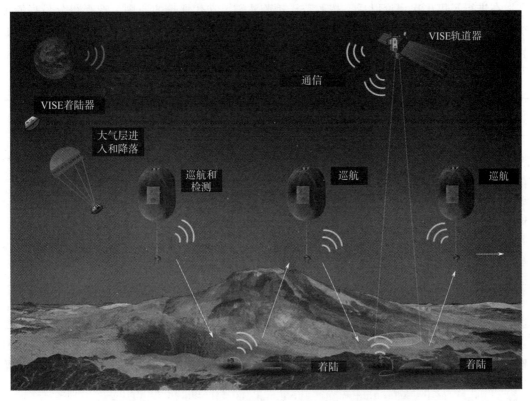

图 13-10 传统式的 VISE 概念描述图

表 13-11 采用普氏矩阵法进行第 1 次权衡评价

	概念 1 传统方案	概念 2 低成本方案	概念 3 创新式方案	概念 4 进化式方案	概念 5 先进方案	概念 6 分布式方案	Venera 13 任务 的数据——基线
成本	+	+	−	s	−	−	约 10 亿美元
风险	+	s	−	+	−	+	中-高
发射时间	s	+	−	s	−	−	按时(估计)
任务持续时间	+	+	+	+	+	+	约 3 h
每次访问表面的时间	+	−	+	s	+	+	127 min
表面访问的次数	+	+	+	+	+	+	1
着陆地点的高度	−	−	−	−	−	−	约 0.1 km
巡航高度	+	+	+	+	+	+	没有巡航
着陆质量	−	−	−	−	−	−	约 500 kg
电力消耗	+	+	−	−	−	+	约 150 W
飞行器数目	s	−	+	+	s	+	2
最大数据率	+	s	+	+	+	+	约 65 kbit/s
得分	6	2	0	5	−1	4	

在进行了第 1 次评价以后，按照普氏矩阵法需要迭代评价的原则，选择得分最高的传统方案作为基线方案进行了第 2 次评价，评价情况见表 13-12。评价的结果是分布式方案的得分最高。

表 13-12　采用普氏矩阵法进行第 2 次权衡评价

	概念 1 传统方案	概念 2 低成本方案	概念 3 创新式方案	概念 4 进化式方案	概念 5 先进方案	概念 6 分布式方案
成本		+	−	−	−	−
风险		−		s	−	+
发射时间		+				
任务持续时间		−	+	+	s	s
每次访问表面的时间		−	+		+	s
表面访问的次数	作为比较 的标准	+		+	+	
着陆地点的高度		−			s	s
巡航高度				s		s
着陆质量		−	+	+	s	+
电力消耗		+				s
飞行器数目		−	+	+	s	+
最大数据率		−	+	+		+
得分		−4	0	0	−4	2

普氏矩阵是定性的方法，不需要具体的数据来支撑。但是该研究团队认为，这种方法的结果不一定具有很强的说服力，因为它没有将判据的权重考虑进去。它的结果可以为下一步的 TOPSIS 评价做准备（注：普氏矩阵法是可以将判据的权重加入进行评价的。在前面介绍的大推力运载器的案例中已经使用了判据的权重）。

步骤 6：采用 TOPSIS 方法进一步评价预选方案

TOPSIS 是一种定量评价的方法。它的前提是已经获取了各个概念工程特性的估计数据。在 VISE 权衡研究中，该方法按照以下步骤开展：

1）获得每一个方案对应各个准则所具有的数值。

在普氏矩阵法中，用户只需要给出工程特性之间好一些、差一些或者同样的区别就可以了。而 TOPSIS 方法必须提供定量的性能数据。表 13-13 就是通过上面的任务分析和文献调研，估计出来的 6 个概念方案对于 12 个工程特性的具体数据。

表 13-13　6 个概念方案对于 12 个工程特性的具体数据

	概念 1/ 传统方案	概念 2/ 低成本方案	概念 3/ 创新式方案	概念 4/ 进化式方案	概念 5/ 先进方案	概念 6/ 分布式方案
成本	600	350	1 500	700	850	750
风险	5	9	8	6	6	3
发射时间	1	1.3	0.85	0.9	0.95	0.9

续表

	概念 1/ 传统方案	概念 2/ 低成本方案	概念 3/ 创新式方案	概念 4/ 进化式方案	概念 5/ 先进方案	概念 6/ 分布式方案
任务持续时间	90	90	110	105	100	90
每次访问表面的时间	4	2	6	4	6	4
表面访问的次数	6	6	8	6	6	6
着陆场高度	1.5	2	0.5	1	1	1
巡航高度	55	40	60	55	55	55
着陆质量	200	200	400	300	200	600
电力消耗	100	75	600	100	400	600
飞行器数目	2	1	5	3	2	5
最大数据率	30	15	65	40	30	65

2) 确定每一个准则的重要性权重。

这组权重是采用 3 种不同加权方法结果的平均值获取的。它们是从 QFD 矩阵获取的归一化的未加权的重要性、从 QFD 矩阵归一化的加权后的重要性以及 AHP 方法获取的优先级别（注：原文中没有解释为什么要从这 3 种权重取平均值来获取综合权重）。

表 13-14 所示为 12 种工程特性的 3 种权重以及它们的平均值与归一化后的值。

表 13-14　对 3 组重要性权重进行平均得到综合权重的过程

	未加权的相对重要性	加权后的相对重要性	AHP 方法权重	平均数	归一化后
成本	0.171 963 868	0.125 049 736	0.17	0.155 671 201	0.155 723 109
风险	0.177 985 948	0.129 921 803	0.12	0.142 635 917	0.142 683 478
发射时间	0.033 790 565	0.024 685 143	0.056	0.038 158 569	0.038 171 293
任务持续时间	0.046 838 407	0.102 313 42	0.138	0.095 717 276	0.095 749 192
每次访问表面的时间	0.145 533 623	0.318 308 418	0.177	0.213 614 014	0.213 685 242
表面访问的次数	0.089 996 654	0.196 506 728	0.144	0.143 501 127	0.143 548 977
着陆场高度	0.097 356 976	0.023 629 528	0.032	0.050 995 501	0.051 012 505
巡航高度	0.063 900 97	0.015 509 415	0.018	0.032 470 128	0.032 480 955
着陆质量	0.038 474 406	0.009 338 13	0.047	0.031 604 179	0.031 614 717
电力消耗	0.045 500 167	0.033 211 261	0.03	0.036 237 143	0.036 249 226
飞行器数目	0.067 915 691	0.016 483 829	0.051	0.045 133 173	0.045 148 223
最大数据率	0.020 742 723	0.005 042 59	0.016	0.013 928 438	0.013 933 082

图 13-11 所示为 12 个准则综合性权重的结果。

表 13-15 所示为 6 个备选方案对于 12 个准则利用综合性权重进行加权以后的结果。这些数据供 TOPSIS 方法分析使用。

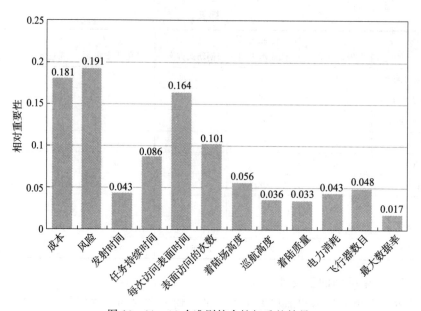

图 13 - 11　12 个准则综合性权重的结果

表 13 - 15　6 个备选方案对于 12 个准则利用综合性权重进行加权后的结果

	传统方案	低成本方案	创新式方案	进化式方案	先进方案	分布式方案	改善
成本	0.019 670 287	0.011 474 334	0.049 175 719	0.022 948 669	0.027 866 241	0.024 587 859	−1
风险	0.019 281 551	0.034 706 792	0.030 850 482	0.023 137 861	0.023 137 861	0.011 568 931	−1
发射时间	0.006 469 711	0.008 410 624	0.005 499 254	0.005 822 74	0.006 146 225	0.005 822 74	−1
任务持续时间	0.014 730 645	0.014 730 645	0.018 004 122	0.017 185 752	0.016 367 383	0.014 730 645	−1
每次访问表面的时间	0.032 874 653	0.016 437 326	0.049 311 979	0.032 874 653	0.049 311 979	0.032 874 653	−1
表面访问的次数	0.022 665 628	0.022 665 628	0.030 220 837	0.022 665 628	0.022 665 628	0.022 665 628	−1
着陆场高度	0.010 931 251	0.014 575 002	0.003 643 75	0.007 287 501	0.007 287 501	0.007 287 501	−1
巡航高度	0.005 582 664	0.004 060 119	0.006 090 179	0.005 582 664	0.005 582 664	0.005 582 664	−1
着陆质量	0.003 327 865	0.003 327 865	0.006 655 73	0.004 991 797	0.003 327 865	0.009 983 595	−1
电力消耗	0.001 933 292	0.001 449 969	0.011 599 752	0.001 933 292	0.007 733 168	0.011 599 752	−1
飞行器数目	0.005 016 469	0.002 508 235	0.012 541 173	0.007 524 704	0.005 016 469	0.012 541 173	−1
最大数据率	0.001 706 092	0.000 853 046	0.003 696 532	0.002 274 789	0.001 706 092	0.003 696 532	−1

3）按照 TOPSIS 方法计算各个方案接近正的假想解的相似程度 C_i^+，并对方案进行排序。

计算公式为

$$C_i^+ = \frac{S_i^-}{S_i^+ + S_i^-}$$

其中

$$S_i^{\pm} = \sqrt{\sum_{j=1}^{J} (x_j^{\pm} - x_{ij})^2}$$

式中　S_i^+ 和 S_i^- 预选方案——i 对于正的假想解和负的假想解的欧几里得距离；

　　　J ——准则的数目；

　　　$x_j^{\pm}$ ——正的假想解和负的假想解对于准则 j 的值；

　　　x_{ij} ——预选方案 i 对于准则 j 的值。

计算后得到表 13 - 16 中的结果，其中，概念 6 分布式方案对于正的假想解的相似程度的得分最高，作为优选方案胜出。

表 13 - 16　各个方案接近正的假想解的相似程度及排序

	概念 1 传统方案	概念 2 低成本方案	概念 3 创新式方案	概念 4 进化式方案	概念 5 先进方案	概念 6 分布式方案
C_i^+	0.53	0.38	0.40	0.50	0.53	0.66
排序	2	6	5	4	2	1

（3）分析结论

1）普氏矩阵法的第 1 次迭代：传统方案最好，分布式和进化式方案紧跟其后。

2）普氏矩阵法的第 2 次迭代：分布式方案最好，传统方案、创新式方案和进化式方案紧跟其后。

3）在普氏矩阵法的定性分析阶段，并不能排除传统方案、分布式方案、先进方案和进化式方案，需要进一步进行定量分析。但是有理由将低成本方案和创新式方案排除在外。

4）采用 TOPSIS 方法进行定量分析：分布式方案最好，传统方案和先进方案紧跟其后。

参 考 文 献

［1］ Heavy Lift & Propulsion Technology Systems Analysis and Trade Study.

［2］ A Systematic Concept Exploration Methodology Applied to Venus In Situ Explore.

第14章 关于概念评价方法选择的讨论

本书介绍了概念评价8种方法以及几种方法综合应用的方法。这些众多的方法在应用于概念评价时各有长处和短处，需要评价的条件不一样、投入不一样，评价结果的精确性也不一样。使用者如何根据自己的需要和条件来选择权衡方法，不是一个容易回答的问题。这里借用3个机构的专家通过试验对少数方法的结果进行分析和比较，给出一些初步的看法，供读者参考。这3个机构分别是NASA的独立验证和确认机构、麻省理工学院的系统工程先进研究计划机构以及乔治亚理工学院航空航天工程学院。

14.1 NASA的独立验证和确认机构（IVV）的看法

2012年，美国NASA的独立验证和确认机构发表了《实用决策的权衡研究方法综述》一文。文章对3种常用的权衡研究方法进行了比较，并且采用新能源汽车的选择作为例子给出了这3种方法的评价结果。最后对评价结果进行了分析。

被比较的3种权衡方法是AHP方法、普氏矩阵法和K-T方法。从评价需要的时间、评价所需要的数据和评价结果的精确性3个方面进行比较，比较结果见表14-1。从表中给出的结果可以看出，不同的方法评价所需要的时间、评价所需要的数据都有所不同，其评价结果的精确性也不尽相同。

表14-1 3种方法的比较

决策方法	方法的特性		
	需要的时间	需要的数据	结果的精确性
AHP方法	较少的时间	较少的数据	精确性较低
普氏矩阵法	较多的时间	较多的数据	精确性较高
K-T方法	较多的时间	较多的数据	精确性较高

文章以新能源汽车的选择作为例子，分别采用上述3种方法进行了评价。评价汽车的能源类型是丙烷、混合电力和电力，评价结果见表14-2。从表中得出的结果可以看出，不同的方法得到的结果是不一样的。（注：文章发表于2012年，这几种新能源汽车的性能只代表了当时的技术水平。）

表14-2 3种方法对新能源汽车评价的结果

决策方法	新能源汽车的类型		
	丙烷	混合电力	电力
AHP方法	3	2	1

续表

决策方法	新能源汽车的类型		
	丙烷	混合电力	电力
普氏矩阵法	2	1	2
K－T方法	3	1	2

文章对上述结果做了以下的分析：

目前，可供权衡研究使用的技术有很多种。如何选择一种合适的方法取决于多种因素，其中包括：允许开展权衡研究的时间、可获得的相关数据的种类和质量、对获得最后解决方案所要求的精确性程度。

在采用 3 种方法对 3 种新能源汽车进行评价的例子中，AHP 方法选择的是电力汽车，而普氏矩阵法和 K－T 方法选择的是混合电力汽车。这个结果并不让人吃惊，因为在同样的输入数据的条件下权衡方法可以产生不同的结果。

在有些情况下，单个权衡技术是不够的。对于重要的、有风险的决策，可能需要使用多个决策技术的组合，并且需要项目利益相关者更多的介入。

14.2　美国麻省理工学院的系统工程先进研究计划机构的看法

美国麻省理工学院的系统工程先进研究计划机构在 2010 年题为用于系统设计的价值驱动的权衡空间探索的短期课程中，分析比较了 5 种被称为简单的多属性方法。这 5 种方法是：词典法（又叫作决策矩阵法）、普氏矩阵法、QFD 方法、修改的决策矩阵法和多属性效能法（MAU）。其中，普氏矩阵法、QFD 方法在本书中已经做了较为详细的介绍。决策矩阵法和修改的决策矩阵法属于简单的权衡方法，因为在航天任务中未见到一定数目的应用，所以在此也不做具体介绍了，只是利用它的结果说明同样的数据能得到不同的权衡结果。多属性效能法与本书介绍的美国麻省理工学院的 MATE 方法的原理一样，只不过在这里做了一定的简化，感兴趣的读者可以参看本书 MATE 方法的章节。

在这 5 种方法的试验中，统一采用一组输入数据，对家庭购买汽车的方案进行了分析。这组数据见表 14－3（同样，这组汽车的性能只代表 2010 年的技术水平）。

表 14－3　用 4 种准则对 4 种汽车进行的评价

重要性	0.3	0.2	0.4	0.1
准则	加速性能	舒适度	价格	每加仑英里数
沃尔沃	8	7	69k	22
保时捷	6	10	90k	16
起亚	9.5	3	10k	29
丰田	8.5	6	30k	34

表 14－4 给出了这 4 种方法对汽车进行评价的结果。

表 14-4 采用 4 种方法对这 4 种汽车进行评价的结果

决策矩阵法		普氏矩阵法		QFD 方法		修改的决策矩阵法		多属性效能法	
排序	汽车	排序	汽车	排序	汽车	排序	汽车	排序	汽车
1	起亚	1	丰田	1	保时捷	1	丰田	1	丰田
2	丰田	2	沃尔沃	2	起亚	2	起亚	2	沃尔沃
3	沃尔沃	2	保时捷	3	丰田	3	沃尔沃	3	起亚
4	保时捷	2	起亚	4	沃尔沃	4	保时捷	4	保时捷

表中权衡方法的排列是按照它们的分析工作量，从左到右逐渐增加的。

作者在进行了上述分析后提出以下两点看法：

在这个仅有 5 种预选方案的权衡中，每种方法都得出了不同的排序结论。

多属性效能法对于权衡问题回答的正确性是不需要证明的。

显然，作者对多属性效能法十分推崇。这也许可以看出，美国麻省理工学院大力开发 MATE 方法的原因。

14.3 小结

从上面两个机构给出的一些不同方法评价结论的结果，可以归纳成以下几条意见：

1）在同样的外部输入条件下，不同的权衡方法经常会产生不同的评价结论。

2）目前，可供权衡研究使用的技术有很多种。如何选择一种合适的方法取决于多种因素，其中包括：允许开展权衡研究的时间、可获得的相关数据的种类和质量、对获得最后解决方案所要求的精确性程度以及分析者所掌握的权衡方法。

3）一般来说，定量的方法需要较多的投入，可能产生更加准确的结果。

4）因情况而异：概念选择方法的采用要根据具体情况而定。这里举一个例子，说明在一项十分重要的航天概念评价的任务中采取的是传统的也是比较简单的概念选择方法。2011 年，美国联合太空联盟为 NASA 完成了大推力和推进技术的系统分析和权衡研究报告，于 2019 年经去密化处理以后公开发表。同时，分别单独承担这项任务的还有喷气发动机总公司、波音公司、洛克希德·马丁公司等 8 家公司。这可谓是 NASA 的一项重大任务。美国联合太空联盟在它的报告中阐述了如何应用 AHP、QFD 和普氏矩阵等方法完成这项权衡任务的。这个应用案例在本书第 14.1 节中做了较为详细的说明。

参 考 文 献

[1]　2012 Survey of Trade Study Methods for Practical Decision – Making.

[2]　2010 SEAri Short Course Series：PI. 27s Value – driven Tradespace Exploration for System Design.

[3]　2008 A Systematic Concept Exploration Methodology Applied to Venus In Situ Explorer.

第 15 章　航天任务的系统概念设计与评价方法在方法学方面的比较

本书用比较大的篇幅分别描述了 8 种方法的步骤和应用案例,这是对这些方法的纵向描述。现在对这 8 种方法进行比较,这是对这些方法进行横向的描述,其目的是从另外一个角度帮助读者理解这些方法在完成系统概念设计与评价的功能方面所具有的相同与不同的特点,对读者选择系统概念设计与评价方法也有一定的好处。

15.1　概念评价方法在方法学方面比较的概要情况

表 15 - 1 给出了航天任务的系统概念设计与评价方法在方法学方面的比较概览。从评价的 5 个主要功能以及需要输入的主要数据和需要的模型等方面进行了比较性的描述。从表 15 - 1 可以看出,提出和使用历史比较悠久的前 5 个方法侧重于对预选方案进行评价和筛选方面,属于比较单纯的概念选择的方法。而提出和应用的时间相对比较晚的后 3 种方法,不仅包括对系统概念选择的功能,而且包括形成系统的预选方案等在内的概念设计评价的全过程。但是它们需要较多的数据和模型进行支持,工作量比较大。从这个概览表还可以看出每一种方法都有自己的一套术语。在每一个功能栏下面的内容大体上指的是一个东西,但是个别的内容具有不同的含义,例如 ROSETTA 方法中的运载器影响因子等同于该方法的评价准则,但是又有自己特殊的含义。

表 15 - 1　航天任务的系统概念设计与评价方法在方法学方面的比较概览

方法	定义用户要求	定义系统属性或评价准则	形成系统的预选方案	准备评价	实施评价	需要输入的主要数据和模型
AHP方法		定义系统属性			评价各个概念对于各个属性的得分	系统属性、预选方案
QFD方法	定义客户需求及其权重	定义技术需求		评价技术需求满足客户需求的程度	评价预选方案满足技术需求的程度	评价准则、技术需求、预选方案
K-T方法	定义决策要求	定义入选准则和优选准则		采用入选准则和优选准则进行评价,并开展风险分析	对优选准则的评价以及风险分析的结果进行综合评价	预选方案、入选准则、优选准则以及与风险评价有关的信息
普氏矩阵法		形成评价准则			以一个基线方案为标准,评价预选方案满足评价准则的程度	评价准则、预选方案

续表

方法	定义用户要求	定义系统属性或评价准则	形成系统的预选方案	准备评价	实施评价	需要输入的主要数据和模型
TOPSIS 方法		确定评价准则		获取预选方案对于评价准则的值以及假想的最佳解和最差解	计算预选方案对于假想的最佳解的相似度	评价准则、预选方案、预选方案对于评价准则的值
RMA 方法	确定任务的科学目标	确定任务的技术需求	形成体系结构选项的关键元素和参数	配备一系列工具,分析预选方案的风险、成本和科学价值	提供由科学价值和成本组成的权衡空间,并附有风险信息,供决策者使用	科学目标、技术需求、一系列的学科模型
ROSETTA 方法	确定系统的绩效参数(FOM)	运载器影响因子	选择基线概念、新技术及其组合	建立 ROSETTA 模型	将模型产生的性能、成本、运行和安全性的 FOM 值加权求和后形成一个单一的度量	绩效参数、运载器影响因子、一系列的学科模型
MATE 方法	定义用户要求	定义系统属性或准则	定义预选方案的设计向量	建立系统模型	由效用与成本组成的权衡空间,供决策者分析使用	用户要求、系统属性、一系列的学科模型

15.2 AHP方法与QFD方法的比较

AHP方法与QFD方法看起来有些相似之处,它们都使用比较矩阵来开展分析,但是实际上它们有一些重要的区别。

(1) 它们的评价机制不一样

AHP方法:AHP方法的最基本评价方式是同样的一组元素形成一个矩阵的行和列,进行相对重要性的两两比较。这些元素既可以是评价准则或者系统属性(见图15-1左图所示),也可以是被评价的预选方案或者概念选项(见图15-1右图所示)。它最适用于获取一组元素之间的相对权重,所以经常被其他方法在计算权重时使用。

QFD方法:QFD方法的评价方式是不同的两组元素形成一个矩阵的行和列,进行相对重要性的两两比较。这两组元素既可以是评价准则和技术需求(见图15-2左图所示),也可以是技术需求和被评价的预选方案(见图15-2右图所示)。

QFD方法的工作原理使它无法获取同一种元素之间的相对重要性,例如图15-2中的评价准则的权重。在它的方法中还要借助于AHP方法来获取评价准则的权重。

(2) 它们的评价原理不一样

AHP方法的评价原理如下:

AHP方法直接评价各个概念对于各个属性的得分,然后根据属性的权重进行加权后求和,得到该概念优先级的得分。

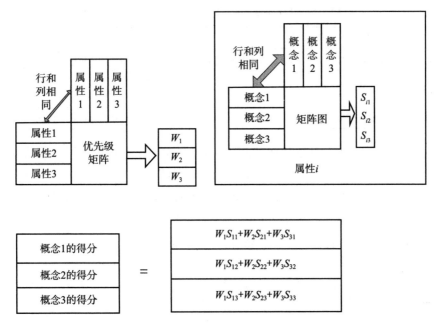

图 15-1　AHP 方法的评价机制和评价原理

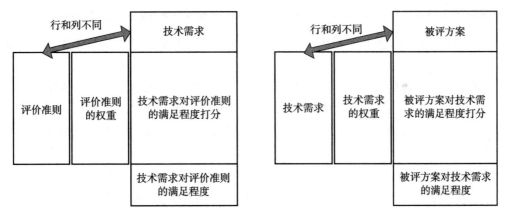

图 15-2　QFD 方法的评价机制和评价原理

QFD 方法的评价原理如下：

与 AHP 方法直接评价各个概念对于各个属性的得分不一样的是，首先评价技术需求对评价准则的满足程度，然后评价被评方案对技术需求的满足程度。与 AHP 方法相比，QFD 方法中间多了一个环节及有关信息，即技术需求。多一类信息的参与意味着评价的效果可能较好。

15.3　QFD 方法、K-T 方法和普氏矩阵法的比较

QFD 方法、K-T 方法和普氏矩阵法的比较见表 15-2。

表 15 - 2　QFD 方法、K - T 方法和普氏矩阵法的比较

方法	直接对比的内容	差别之处
QFD 方法	评价准则与技术需求、技术需求与预选方案	技术需求作为评价的中间环节
K - T 方法	优选准则与预选方案	入选准则进行一票否决，在风险分析的基础上进行综合评价
普氏矩阵法	评价准则与预选方案	以基线方案为标准进行评价

QFD 方法、K - T 方法和普氏矩阵法的共同特点都是按照评价准则对预选方案直接进行评价。差别之处在于：QFD 方法在评价中增加了技术需求这个中间环节；K - T 方法入选准则进行评价前的筛选，在最终的综合评价中增加了风险分析这一因素。普氏矩阵法在预选方案按照每一个评价准则进行评价时，以基线方案为标准进行打分，而且它的打分方法是最简单的那一种，只有 3 个等级：较好、较差和相同。

15.4　TOPSIS 方法与其他 4 种传统方法的比较

前 5 种方法与后 3 种方法相比，出现的时间更为久远，而且广泛应用于各个领域。在前 5 种方法中，TOPSIS 是唯一一种定量的评价方法。它根据预选方案对评价准则对应的值生成假想的最佳方案和假想的最差方案，然后计算预选方案对于这两种方案的欧几里得距离，最后计算预选方案对于最佳的假想方案的相似性。根据其相似性的大小，对预选方案进行评价。

它在评价的实施阶段对每一个预选方案形成了一个唯一的评价值——相似性。

TOPSIS 方法需要评价者提供关于预选方案对于评价准则的值的大量信息。但是乔治亚理工学院的专家认为，这种方法使得缺少经验的评价者可以做出与有经验的评价者同样好的评价。

15.5　RMA 方法、ROSETTA 方法和 MATE 方法的比较

RMA 方法、ROSETTA 方法和 MATE 方法这 3 种都是专门为航天飞行器开发的，所以它们的针对性比较强。RMA 方法的目标是设计深空探测器，它们的轨道和科学探测装置就是该方法考虑的重点目标。ROSETTA 方法的目标是空间运输系统，在一个基线运载火箭的基础上，采用新技术的组合改善其性能和降低成本是该方法经常要解决的问题。MATE 方法针对的是常规飞行器。带着这些不同的目标，它们的方法，甚至一些术语都有所不同。

与其他通用概念选择方法不同的是，RMA 方法、ROSETTA 方法和 MATE 方法的共同特点是将预选方案的形成作为自己要完成的重要任务之一。

从实施评价来看，RMA 方法与 MATE 方法的最终评价形式都是权衡空间。RMA 方法采用的是科学价值与成本组成的权衡空间，并标有风险信息，供决策的时候分析选择。

MATE 方法采用的是效用和成本组成的权衡空间。实际上对于深空探测科学飞行器而言，这里的科学价值与效用是同义词。ROSETTA 方法最后综合成一个整体评价准则 OEC 对预审方案进行排序。

RMA 方法、ROSETTA 方法和 MATE 方法都需要飞行器各个学科的方法与模型进行支持，需要一个多学科的团队协同工作。

与其他 5 种方法相比，RMA 方法、ROSETTA 方法和 MATE 方法的学习曲线都比较陡，会给初学者带来一定的困难。

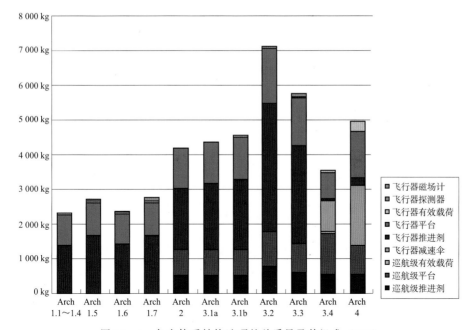

图 10-4 各个体系结构选项的总质量及其组成 (P94)

体系结构按照任务风险的排序

体系结构	红	黄	绿
3.4	0	5	3
4	0	3	5
3.3	0	2	10
3.1a	0	2	5
3.1b	0	2	5
3.2	0	2	4
2	0	2	3
1.7	0	1	8
1.2	0	1	5
1.5	0	1	5
1.6	0	1	5
1.1	0	1	4
1.3	0	1	4
1.4	0	1	4

体系结构按照实现风险的排序

体系结构	红	黄	绿
3.4	0	4	2
3.2	0	4	0
4	0	3	3
2	0	3	1
3.1a	0	3	1
3.1b	0	3	1
3.3	0	3	1
1.7	0	2	3
1.6	0	2	3
1.5	0	2	3
1.4	0	2	3
1.3	0	2	3
1.2	0	2	3
1.1	0	2	3

任务风险与实现风险

任务失败/透支
大
比较大
比较小到比较大
很小

图 10-7 体系结构选项的风险评估的统计结果 (P96)

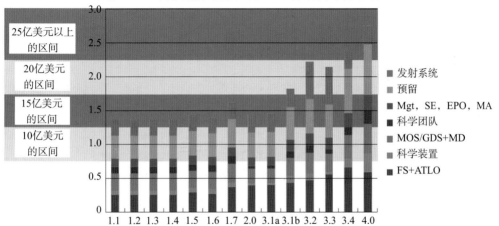

图 10-8 联合探索的成本分析结果 (P97)

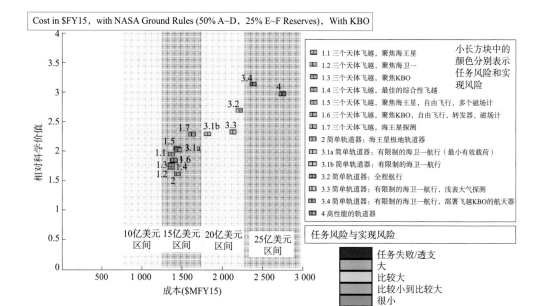

图 10-10　集成评价的结果（P99）

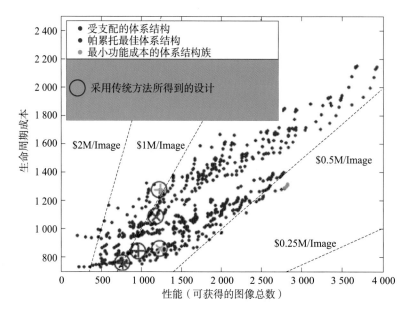

图 12-15　类地行星探寻器系统的权衡空间（P142）

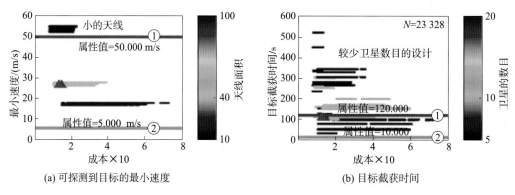

(a) 可探测到目标的最小速度　　　　　(b) 目标截获时间

图 12-17　对卫星雷达系统两个属性的权衡（P143）

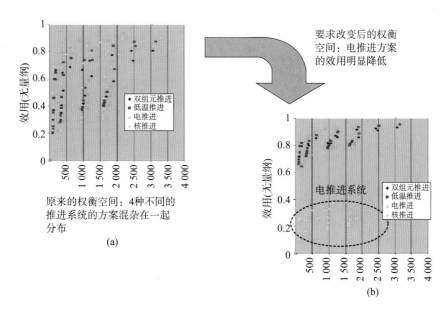

图 12 - 19　评价要求改变对设计的影响（P144）

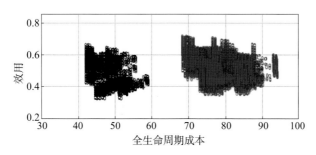

图 12 - 27　完整的权衡空间（P155）

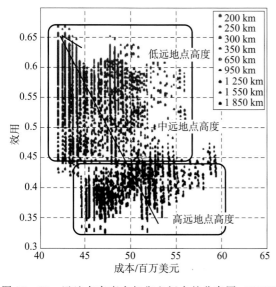

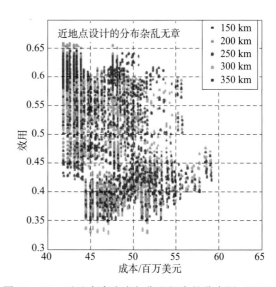

图 12 - 29　远地点高度在权衡空间中的分布图（P156）　　图 12 - 30　近地点高度在权衡空间中的分布图（P157）

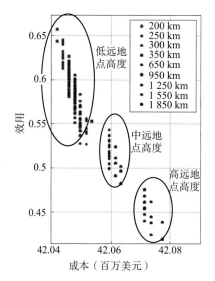

图 12-31　远地点高度的局部放大图（P157）

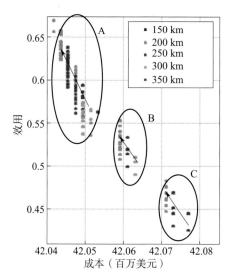

图 12-32　近地点高度的局部放大图（P157）

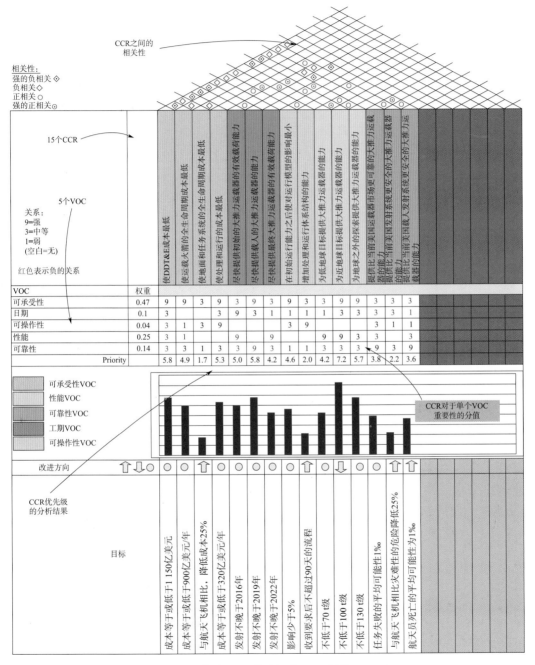

图 13-2 获取 CCR 优先级的 QFD 矩阵（P164）

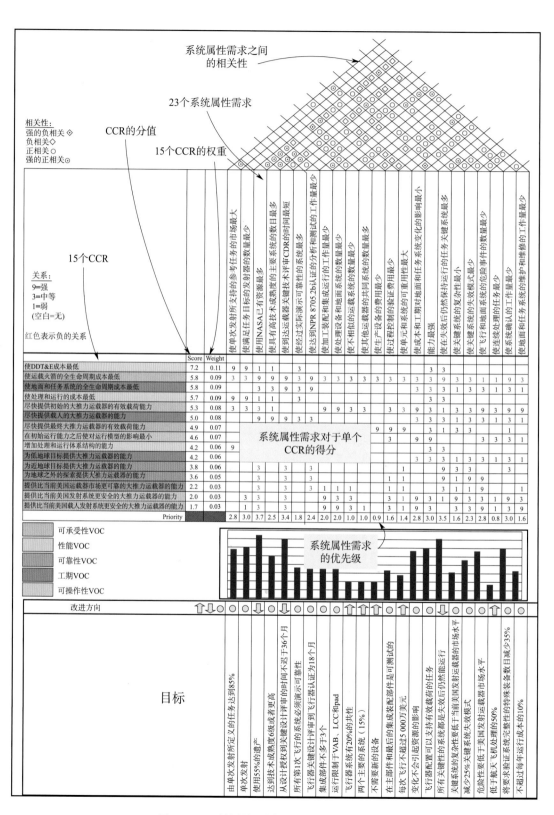

图 13-3 系统属性需求的 QFD 矩阵（P165）

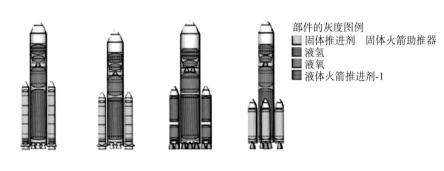

部件的灰度图例
固体推进剂　固体火箭助推器
液氢
液氧
液体火箭推进剂-1

运载器名称	LV-275-5 RS25-5S-1.J2X	LV-275-5 RS25-4S-1.J2X	LV-330-6 RS68-2.2RP-2.J2X	LV-275-5 RS68-4MS-1.J2X
几何尺寸	ϕ27.5 ft 可延展的高度	ϕ27.5 ft 可延展	ϕ33 ft 可延展	ϕ27.5 ft 可延展
助推器	2x 5-segment 聚丁二烯-丙烯腈	2x 4-segment 聚丁二烯-丙烯腈	2x 2X 1.25 Mlbf 液氧/火箭推进剂-1	4x 795 klbf 单体液态火箭助推器
芯级发动机	5x RS-25D	4x RS-25D	6x RS-68A	5x RS-68A
上面级发动机	1x J-2X	1x J-2X	2x J-2X	1x J-2X
近地轨道质量	123～129 t	110～118 t	136～142 t	118～124 t

图 13-4　最终状态的配置组中以助推器为关注重点的权衡分析的 4 个运载器的配置（P167）

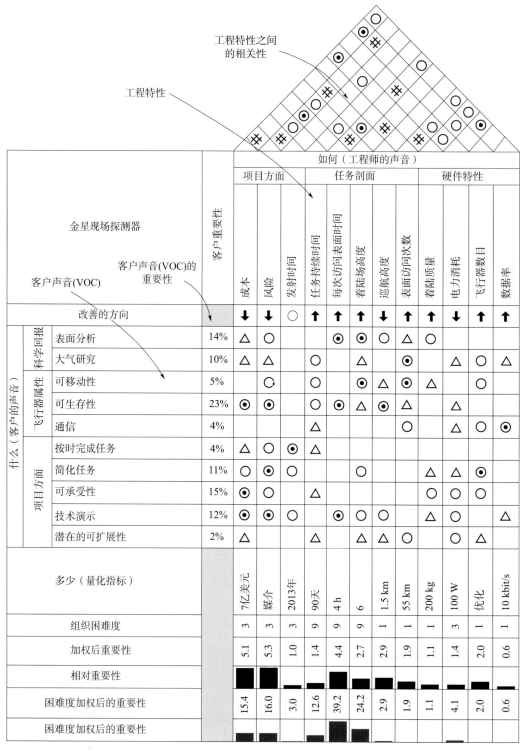

图 13 - 8　采用 QFD 方法将目标与工程特性进行映射（P172）